María Jesús Ávila Gutiérrez
Francisco Aguayo González

Neurociencia Cognitiva

María Jesús Ávila Gutiérrez
Francisco Aguayo González

Neurociencia Cognitiva

Proyección en el Diseño y Desarrollo de Productos

Editorial Académica Española

Imprint
Any brand names and product names mentioned in this book are subject to trademark, brand or patent protection and are trademarks or registered trademarks of their respective holders. The use of brand names, product names, common names, trade names, product descriptions etc. even without a particular marking in this work is in no way to be construed to mean that such names may be regarded as unrestricted in respect of trademark and brand protection legislation and could thus be used by anyone.

Cover image: www.ingimage.com

Publisher:
Editorial Académica Española
is a trademark of
International Book Market Service Ltd., member of OmniScriptum Publishing Group
17 Meldrum Street, Beau Bassin 71504, Mauritius
Printed at: see last page
ISBN: 978-620-0-40944-7

NEUROCIENCIA COGNITIVA PARA SU PROYECCION EN EL DISEÑO Y DESARROLLO DE PRODUCTOS INDUSTRIALES

María Jesús Ávila Gutiérrez
Francisco Aguayo González

Índice general

Índice de Figuras

1 INTRODUCCIÓN

Las prácticas del diseño han sido modificadas, de la misma forma que los avances científicos en materia de neurociencia lo que aportará al diseño potencializar su práctica. La evolución de la ciencia, en cualquiera de sus vertientes, ha dado lugar a diferentes campos del saber en los que se conjugan múltiples disciplinas. En el área del neurodiseño convergen la neurociencia y el diseño para explicar el comportamiento del usuario frente a diversos productos. Por su parte, la neurociencia se centra en el estudio de los procesos mentales para comprender la conducta en términos de actividades del encéfalo y cómo el medio ambiente influye en ésta, mientras que el diseño busca entender la manera en que este usuario percibe los diferentes estímulos cuando entra en contacto con los productos y las experiencias que les produce a efectos de ser consideradas en el diseño formal.

En este libro se realiza una revisión de documentos en revistas de neurociencia, neuropsicología, neuroeconomía, neuromarketing,... y plantea como estos conocimientos pueden ayudar a los diseñadores en los diferentes dominios de diseño como pueden ser: (1) Dominio de la necesidad; (2) Dominio funcional; (3) Usabilidad; (4) Personalización; (5) Atención a discapacitados; (6) Diseño emocional; (7) Diseño experiencial,...

Este libro se estructurará en nueve capítulos de la siguiente forma:

- CAPÍTULO 1: Introducción
- CAPÍTULO 2: Estudio del cerebro
- CAPÍTULO 3: Neurociencia
- CAPÍTULO 4: Neuromarketing
- CAPÍTULO 5: Neuropsicología
- CAPÍTULO 6: Neuroeconomía
- CAPÍTULO 7: Sistemas neurodifusos
- CAPÍTULO 8: Neuroergonomía
- CAPÍTULO 9: Conclusiones

2 ESTUDIO DEL CEREBRO

2.1. EL SISTEMA CEREBRAL

Podemos definir el cerebro como el órgano que alberga las neuronas (células) que se activan durante los procesos cerebrales y que conllevan funciones mentales. [1] Su principal función es mantener vivo al organismo, y cada una de las partes que lo integran tiene una función específica. Por ejemplo, reconocer las diferencias entre un objeto y otro, transformar lo que pensamos en habla o almacenar recuerdos en la memoria, entre muchas otras cosas. Ninguna parte del cerebro puede existir sin las demás, de la misma manera que todas son interdependientes e interactivas entra ellas.

El cerebro de los seres humanos es de los más complejos, constantemente cambiante y sensible a todo aquello que sucede en su entorno. Dentro del cerebro se comprueba una continuidad de procesos mediante un gran número de subsistemas interconectados entre sí que hacen millones de cosas a la vez. Dicha actividad está controlada por corrientes eléctricas, agentes químicos y oscilaciones que la ciencia continúa esforzándose por desvelar.¿Cuántos elementos y/o unidades contiene este sistema en su totalidad? Según algunos científicos, aproximadamente... ¡cien millones de neuronas! Un dato que nos refleja la complejidad del sistema, difícilmente abarcable por nuestra imaginación.

El sistema cerebral es un sistema abierto. La realidad penetra en el cerebro mediante símbolos materiales que, a su vez, son traducidos en impulsos nerviosos que viajan por nuestros circuitos neuronales provocando diferentes reacciones.

2.1.1. Estímulos y cerebro

El cerebro humano pesa aproximadamente 1300-1600 gramos y gracias a él, y a través de él, interactuamos con el mundo social y físico que nos rodea. Es el centro supervisor del sistema nervioso. El cuerpo percibe, mediante los sentidos, toda la información que llega desde el mundo exterior, en forma de mensajes y/o estímulos. El cerebro la interpreta, generando respuestas químicas y físicas que se traducen en pensamientos y comportamientos.

Las millones de neuronas que conforman nuestro cerebro se ordenan y estructuran a partir de dicha información recibida del mundo externo. Un estímulo, por ejemplo la música o un simple ruido, determina qué neuronas se activan y/o que enlaces se formarán.

El cerebro es lo que podríamos denominar la sede de la inteligencia humana, que como sistema no funciona aislado del sistema mayor del que forma parte. (. . .) La mente humana.

---

[1] Neuromarketing Neuroeconomía y negocios Néstor P. BRAIDOT Ed: Puerto Norte-Sur, 2005

puede definirse como el conjunto de procesos mentales, conscientes y no conscientes del cerebro, que se producen por la interacción y comunicación entre los grupos de neuronas que dan forma a los pensamientos y los sentimientos. Mente y cuerpo interactúan con el entorno modificándose recíprocamente, en un proceso caracterizado por la interdependencia permanente.

2.1.2. El cerebro humano como sistema de decisión

Cada individuo recrea e interpreta la realidad en función de cómo interioriza y asimila lo que percibe del exterior. La recepción objetiva de una misma realidad es, a su vez, tremendamente subjetiva ya que depende de la forma en que cada persona la decodifica.

Entender el tipo de procesos que hacen que el cerebro funcione de una determinada manera y la incidencia que ello tiene en nuestra conducta es una de las mejores formas de optimizar este conocimiento y así mejorar nuestras estrategias, comprendiendo las funciones cognitivas asociadas al comportamiento de los usuarios. Nuestra sensación de integración mental surge de un procesamiento orquestado de gran escala, que sincroniza patrones de actividad neuronal en distintas regiones cerebrales. [3]

Así, podemos afirmar que existe una conexión entre como actuamos (las acciones que llevamos a cabo) y el sistema cerebral.

2.2. LOS TRES NIVELES CEREBRALES

El sistema cerebral está compuesto por tres niveles, cada uno de ellos encargado de unas funciones específicas:

2.2.1. El córtex (denominado también neocórtex)

Es el centro del cerebro humano como tal, pensante y reflexivo. Es donde se elabora la consciencia de nosotros mismo y de nuestro entorno. Es aquí donde se forman nuestras elecciones y donde nace la responsabilidad de poder realizarlas. Es la zona del cerebro responsable de todas las formas de experiencia consciente, incluyendo la percepción, emoción, pensamiento y planificación.[4]

2.2.2. El sistema límbico

Esta parte del cerebro es inconsciente, aunque está muy ligada a la parte consciente ubicada por encima, el córtex, y le transfiere información de manera constante. Las emociones y las necesidades relacionadas con la supervivencia, como el hambre y la sed, se producen en este sistema. También la mayoría de los impulsos vitales del ser humano que mediante unas estructuras cerebrales ayudan a regularla expresión de las emociones y de la memoria emocional.

---

[3] El error de Descartes: la razón de las emociones Antonio R. DAMASIO Ed: Andres Bello, 1999
[4] El nuevo mapa del cerebro Rita CARTER. Ed: Integral, 1998

El sistema límbico controla las funciones más primitivas relacionadas con la autoconservación y la especie (como la lucha y la procreación), de forma inconsciente y espontánea. Sobre lo que no tenemos control pero somos conscientes de su existencia. Por ejemplo, el comportamiento emocional: aquello que nos gusta, que nos disgusta, cuando sentimos placer o cuando algo nos desagrada.

Los principales módulos del sistema límbico son:

- El tálamo: retransmisor de la información que se recibe hacia las zonas del cerebro que corresponden para ser procesadas.

- El hipocampo: se encarga de la memoria a largo plazo, el aprendizaje y la emoción.

- La amígdala: es donde se percibe y se genera el miedo y se ocupa también del aprendizaje emocional.

- El hipotálamo: organismo de regulación en forma de estructura compleja que se encarga de ajustar las condiciones físicas del cuerpo para que éste pueda adaptarse al entorno. Regula los órganos internos, el sueño y el apetito, entre muchas otras cosas.

2.2.3. El cerebro reptiliano o tronco cerebral

Está formado por los nervios que recorren el cuerpo hacia arriba, a través de la médula espinal, y llevan la información al cerebro. Se encarga de mantener el equilibrio biológico sin que nosotros lo sepamos. Es el núcleo de la inteligencia biológica.

En el centro del cerebro reptiliano se encuentran las células que forman el hipotálamo, que regula las emociones primarias, como la temperatura corporal. También está relacionado con las respuestas hormonales del cuerpo.

Los grupos de células que integran el tronco cerebral determinan el grado de alerta del individuo y procesos como la respiración o los latidos del corazón.

En este nivel del cerebro, que basa sus reacciones en lo que conoce y no admite innovaciones, se ocupa de dos aspectos clave de la existencia del ser humano: cubrir las necesidades básicas relacionadas con el instinto, mediante conductas rutinarias y establecer y defender el territorio.

2.3. EL CEREBRO HUMANO AL DETALLE

El cerebro es una de las partes del sistema nervioso y está dividido en dos grandes partes: el sistema nervioso periférico y el sistema nervioso central.

2.3.1. Sistema nervioso periférico

Está compuesto por una red de nervios formada por fibras aferentes, que llevan información al cerebro, y eferentes, que sacan información del cerebro. Las señales eferentes son transmitidas al cuerpo mediante dos vías: las simpáticas y las parasimpáticas (que se diferencian por el tipo de respuesta fisiológica que generan). Ambas actúan como el nervio que mueve el interior del cuerpo y los organismos, principalmente los músculos, el intestino y el corazón; y se encargan de decirle al cuerpo cómo responder ante las diferentes situaciones.

Así, la liberación de adrenalina, ante una situación de peligro o riesgo, se debe a una respuesta de alerta automática que primero es procesada por el cerebro y luego lleva la información por medio de las vías simpáticas a todos los músculos del cuerpo. Este proceso es inconsciente y no controlable.

2.3.2. Sistema nervioso central

Está dividido en varias partes: la médula espinal, la médula pons y el encéfalo (cerebro), el cual consta del cerebelo, el cerebro medio, el diencéfalo y los hemisferios cerebrales. La médula espinal es la encargada de llevar la información del cuerpo hacia el encéfalo y se encuentra protegida por las vértebras. El cerebro recibe información sensorial y motora de las distintas partes del cuerpo y la procesa en diferentes regiones que pueden ser clasificadas funcionalmente.

El cerebro humano está dividido en dos hemisferios, el izquierdo y el derecho, que van recubiertos de un tejido nervioso denominado corteza cerebral.

2.3.3. El cerebro y los sentidos. Los lóbulos cerebrales: procesamiento de información

Cada hemisferio del cerebro se divide en cuatro lóbulos[5] [6]

- El lóbulo occipital se encarga del procesamiento visual y se encuentra ubicado en la parte posterior.
- El lóbulo temporal, ubicado en la parte inferior (cerca de los oídos), cumple las funciones relacionadas con el sonido, la comprensión del habla (en el lado izquierdo) y algunos aspectos relacionados con la memoria.
- El lóbulo parietal se ocupa de las funciones relacionadas al movimiento, la orientación, el cálculo y ciertos tipos de reconocimiento. Se encuentra en la sección superior.
- El lóbulo frontal, ubicado delante del lóbulo parietal, lleva a cabo las funciones cerebrales más integradas, como pensar, asimilar e incorporar conceptos y la planificación. Además, desempeña una función importante en el registro consciente de las emociones.

---

[5] El nuevo mapa del cerebro Rita CARTER. Ed: Integral, 1998
[6] Neuromarketing Neuroeconomía y negocios Néstor P. BRAIDOT Ed: Puerto Norte-Sur, 2005

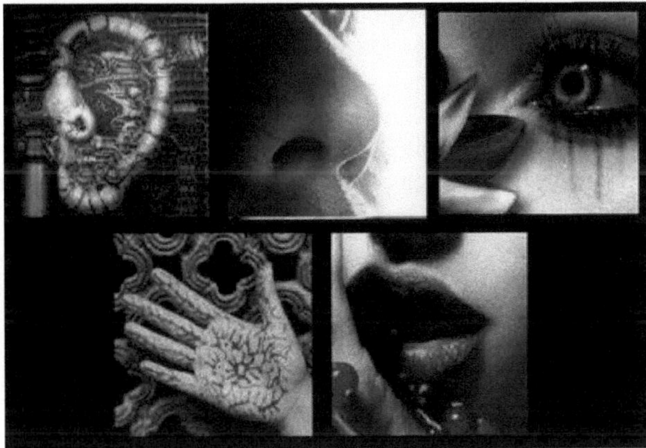

Figura 2.1: Los 5 sentidos

2.3.4. Las neuronas, la actividad de las redes neuronales y sus efectos

Las neuronas se comunican entre sí formando redes que procesan la información y la transmiten a través de la sinapsis. Aunque todas las neuronas están unidas entre sí, siempre se da un minúsculo espacio que las separa. En este espacio, llamado sinapsis, es donde se produce una chispa de electricidad, de energía bioquímica, que se une a otros millones de impulsos y desencadena un proceso eléctrico.

Las sinapsis, como procesos, son electroquímicas. Debido a que influyen en ellas un componente químico (los neurotransmisores) y otro eléctrico (que permite que se liberen esos neurotransmisores).

Entender que las neuronas forman redes es fundamental para comprender la complejidad de los fenómenos cerebrales y mentales como el aprendizaje, la percepción, el procesamiento de la información y la memoria.

Las células que generan actividad cerebral son las neuronas. Cada neurona se conecta con diez mil neuronas vecinas mediante los axones (prolongaciones de la célula nerviosa que se encargan de conducir las señales) y las dendritas (ramificaciones más cortas que reciben la información que llega). La sinapsis adopta la forma de una ranura, donde cada axón se encuentra con una dendrita. [7]

Los fenómenos que se desencadenan mediante las sinapsis son los que generan nuestras activaciones cerebrales y en los que se basa nuestra mente. Por eso, la mayoría de las terapias psiquiátricas tratan de manipularlas, por ejemplo, los antidepresivos que actúan sobre los neurotransmisores (agentes químicos que hacen que la célula vecina se dispare) acentuando la acción de la serotonina.

Hoy sabemos que ante un estímulo de información, o cualquier tipo de experiencia, se da en el cerebro una activación que produce una conexión entre las neuronas.

---

[7] Neuromarketing Neuroeconomía y negocios Néstor P. BRAIDOT Ed: Puerto Norte-Sur, 2005

Y que si dicho estimulo es suficientemente fuerte o se repite de forma constante, la intensidad de esa conexión se fortalece, precipitando la sinapsis y conformando redes de neuronas relacionadas entre sí.

De esta manera, a medida que vamos viviendo nuevas experiencias, se va incrementando en nuestro cerebro un entramado neuronal de mayor complejidad, es decir, nuestro cerebro está en constante reformulación y/o reconexión, en función de nuestras experiencias cotidianas.

La estimulación del aprendizaje y las vivencias que una persona experimenta a lo largo de su existencia van conformando en su cerebro un cableado neuronal que es la base neurobiológica de sus alternativas o decisiones aprendidas, así como de su memoria, sus recuerdos y, en última instancia, de su inteligencia. (. . .) Esta inteligencia y los mecanismos lógicos cognitivos influirán en sus decisiones futuras. [8]

El cerebro se puede imaginar como circuitos que se interconectan en un proceso en el cual cada neurona excita a sus vecinas y éstas a las demás. De este modo, se da la condición necesaria para producir una actividad suficientemente compleja, como la que caracteriza a la memoria, las emociones y el procesamiento de la información percibida que construyen los patrones neuronales, que son la base de nuestros comportamientos. Para que estas impresiones que acceden a la mente queden registradas deben asentarse en la memoria. Y estas asociaciones pueden recombinarse también para crear nuevos conceptos.

En realidad, nunca volvemos a experimentar lo mismo dos veces. Dos personas genéticamente similares difícilmente percibirán lo mismo ante una misma información. Esto es debido a que nuestra percepción del mundo depende del cableado neuronal que se establece durante el aprendizaje. Concepto establecido en un marco de tiempo de hasta los 6 años, pero el cerebro humano se caracteriza por conservar la plasticidad hasta bien entrada la edad adulta hecho que permite el aprendizaje constante.

2.4. UN CEREBRO, DOS HEMISFERIOS

La dualidad de nuestro cerebro, el cual está dividido en dos hemisferios: el izquierdo y el derecho, conectados por el cuerpo calloso, fue descubierta por Roger Sperry. Descubrimiento que le valió el premio Nobel de medicina del 1981.

---

[8]¿Qué es la inteligencia? Jean KHALFA Ed: Alianza Psicología Minor, 1995

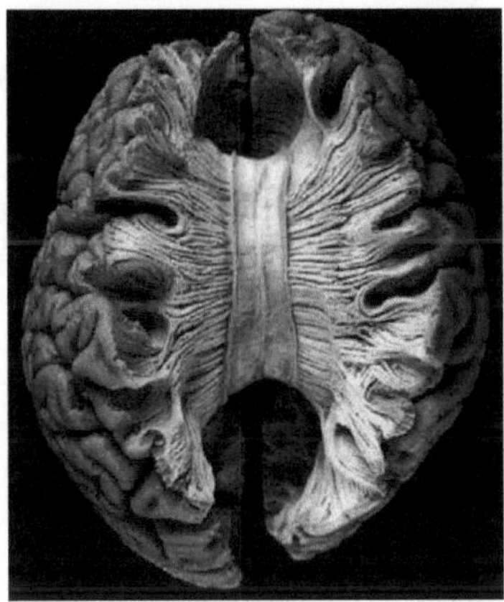

Figura 2.2: Hemisferios derecho e izquierdo unidos mediante el cuerpo calloso

Ambos hemisferios, a la vez que separados, están conectados por un conjunto de obras que permiten el diálogo permanente entre ellos. La información que llega a uno de los hemisferios pasa directamente al otro acabando en el lado contrario del cerebro. Se podría decir que el cuerpo humano está regido por un sistema invertido. Cuando observamos cualquier cosa, la información visual que se genera en la mitad izquierda de cada ojo va al hemisferio derecho y al revés.

Aunque físicamente los dos hemisferios parecen idénticos, tienen diferencias entre ellos. Cada uno tiene sus propias formas de procesar la información.

2.4.1. El hemisferio izquierdo pura lógica, el derecho todo corazón

El hemisferio izquierdo es racional, analítico, preciso, numérico, calculador, comunicativo y capaz de construir planes complicados. Realiza un trabajo detallado y que requiere concentración. Mientras que el derecho es más emotivo, intuitivo, soñador y procesa la información de manera más integral, de forma conceptual, en vez de desmenuzarla. Cuando utilizamos el derecho estamos en contacto con nuestro mundo interior, con nuestra emotividad.

Así, el hemisferio derecho está relacionado con la sensibilidad y la motricidad captando globalmente el entorno y el izquierdo se dedica a los detalles.

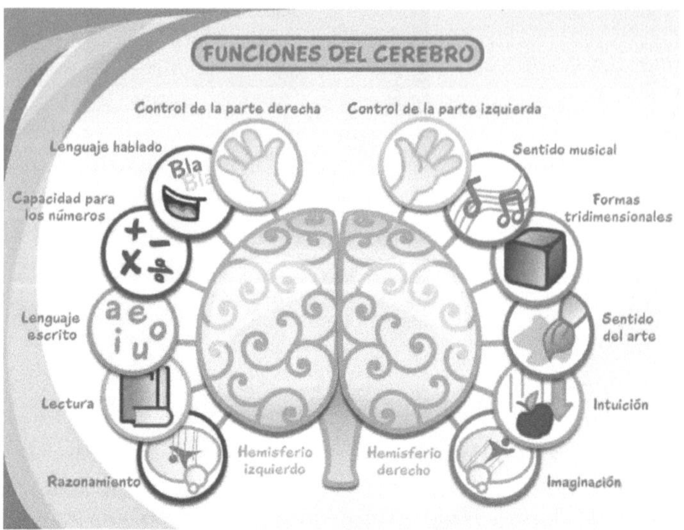

Figura 2.3: Hemisferio izquierdo y derecho

El hemisferio izquierdo se especializa en el lenguaje y en otras tareas de procesamiento serial de la información, mientras que el hemisferio derecho lo hace en procesos no verbales que incluyen la visualización tridimensional, la rotación mental de objetos y la comprensión del significado de expresiones faciales. [9]

2.4.2. Acceso de entrada selectiva

Percibimos millones de estímulos a nuestro alrededor cada minuto pero sólo somos conscientes de una pequeña parte de ellos. Otros, los cuales son suficientemente llamativos como para llegar a crear una respuesta emocional instantánea en el hemisferio derecho, entran dejando una ligera impresión pero no son considerados tan importantes como para generar una percepción consciente en el izquierdo. El resto entran y salen fugazmente en el cerebro.

Estas ligeras impresiones son las responsables de las repentinas bajadas de ánimo o de las inexplicables melancolías o enfados que solemos tener a veces.

Otro ejemplo sería los sentimientos que genera la melodía de una canción. Una evidencia más de la división que existe entre ambos hemisferios ya que ante un estímulo externo, como puede ser una canción, nos encontramos con un me gusta o no me gusta aunque no sepamos porqué. Simplemente, la melodía está siendo apreciada por el hemisferio derecho (emotivo y fácil de impresionar) en vez de ser analizada por el izquierdo (analítico y crítico).

---

[9] Neurociencia y Conducta Thomas JESSEL, Eric R. KANDEL Y James SCHWARTZ Ed: Prentice Hall, 1997

2.4.3. Los 3 per les de pensamientos. Modelo teórico de R. Ornstein

La combinación de la percepción lineal del hemisferio izquierdo (detallista) y la evaluación desde la parte consciente dan forma al pensamiento racional o analítico. La estructura característica del hemisferio izquierdo combinada con las emociones dirigidas desde el sistema límbico, genera un pensamiento ordenado . De aquí se desprende que la necesidad de orden no surge de una decisión teórica, sino que es una reacción emocional. Las personas con tendencia al pensamiento racional suelen cuidar el detalle y la organización más allá de que así se lo propongan de manera consciente. El tipo de pensamiento denominado imaginativo se caracteriza por la generación de ideas basadas en especulaciones teóricas, sin considerar la relación con el contexto y las demás personas. Viene dado por la combinación del hemisferio izquierdo (lógico) y el sistema límbico (emociones).

Y por otro lado, el pensamiento sensible, combinación del hemisferio derecho (imaginativo) y el sistema límbico (emociones), se identifica con el enfoque que nos muestra que se puede resolver la insatisfacción emocional desde lo creativo, a diferencia del analítico, que lo hace a través de lo estructurado.[10]

Este último perfil nos ayuda a comprender porque hay personas a las que les molesta tanto el desorden y otras que son más transgresoras. Cómo porqué hay personas que actúan según lo que sienten mientras otras lo hacen porqué creen que es lo más conveniente.

2.5. EL APRENDIZAJE

El aprendizaje de un nuevo color, un nuevo sonido o una nueva palabra modifica las conexiones sinápticas que suceden en nuestros circuitos. Esto nos permite poder reconocer más rápido algo que ya hemos vivido con anterioridad.

De esta manera, el aprendizaje se va desarrollando a través de sucesivas asociaciones que va generando el cerebro al relacionar conocimientos ya incorporados, experiencias vividas, recuerdos y emociones, con el estímulo nuevo que recibimos.

Ante cada estímulo externo, como puede ser una clase en la Universidad o la experiencia vivida a través de un producto y/o servicio, se producen en el cerebro activaciones de circuitos que disparan explosiones de actividad, las cuales van conformando nuevos patrones neuronales, nuevos esquemas.

Por ejemplo,11 al oler un perfume que contiene aroma de rosa, inmediatamente nos viene a la cabeza la imagen de la rosa, imagen que, a su vez, nos evoca otro tipo de imagen como el rosal que tu abuela tenía plantado en el jardín. Así, cuando volvamos a experimentar dicho perfume reconoceremos la marca, que en nuestro cerebro quedó asociada a un buen recuerdo. El olor de la rosa, retroalimenta el recuerdo y provoca un proceso de aprendizaje.

---

[10] La evolución de la consciencia, los límites del pensamiento racional Robert ORNSTEIN Emece Editores España, 1994

[11] Generación de imágenes de El error de Descartes: la razón de las emociones Antonio R.DAMASIO Ed: Andrés Bello, 1999

Ante una constante exposición a estímulos que provienen del exterior, el individuo incorpora en sus patrones neuronales aquellos que le son favorables para su supervivencia y desarrollo y deja de utilizar aquellos que no lo son. Esta característica del cerebro, basada en la selección inconsciente, es necesaria para el buen desarrollo del individuo en su vida cotidiana, ayudándolo a resolver las dificultades que le presenta su entorno.

Procesos automáticos actualizan constantemente el inventario de conocimiento a través de la observación y la experiencia 12

Se ha comprobado que una rutina diaria de trabajo intelectual muy simple, como leer un libro o hacer sudokus, produce cambios significativos en el cerebro de una persona de edad avanzada. Esto nos permite afirmar que la plasticidad neuronal no desaparece con los años y que siempre hay lugar para nuevos aprendizajes y cambios en los patrones neuronales.

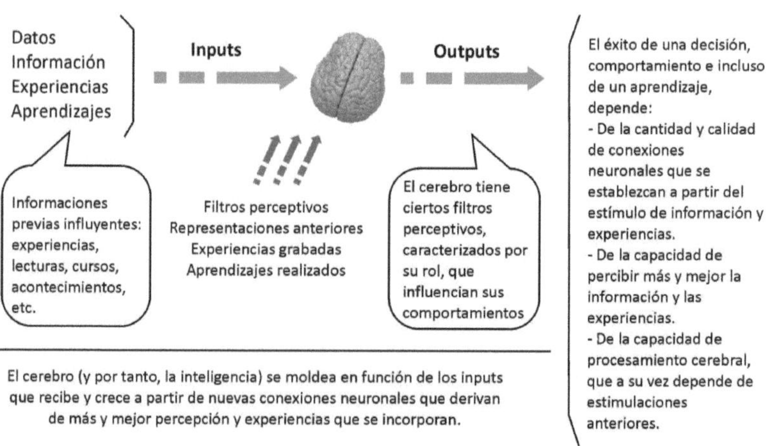

Figura 2.4: Neurobiología del aprendizaje

2.6. EL CEREBRO EMOCIONAL

Estamos en la era de las emociones. Ahora más que nunca, se habla de la importancia de la comunicación interpersonal y de mostrar las emociones más profundas como el mejor antídoto contra el estrés y las carencias de este mundo tecnológico.

2.6.1. Emoción científica

¿Cuántas veces actuamos de una determinada manera sin saber por qué? ¿Cuántas veces hemos perdido el control sin saber cómo arreglarlo? Esto es debido a que las emociones son las que dirigen nuestro comportamiento. Ninguna persona, por más sensata y equilibrada que sea, es capaz de evitar siempre, durante toda su vida, reacciones impulsivas de las que muchas veces acaba arrepintiéndose.

---

[12] ¿Por qué somos como somos? Eduardo PUNSET Ed: Santillana Ediciones Generales. 2ª Edición, 2008

Ante estímulos externos, el impacto emocional se produce en un instante, desencadenando una reacción tan inmediata que el cerebro pensante (el neocórtex) no es capaz de detectar en profundidad aquello que está sucediendo. El sello de semejante asalto es que, una vez que el momento pasa, quienes lo han experimentado tienen la sensación de no saber lo que les ocurrió [13]

Las emociones nacen en el sistema límbico y llegan primero. Sentir es lo primero que nos ocurre siempre que nos impacta un estímulo. No somos conscientes del significado de las emociones que sentimos porque la mente no consciente se toma un determinado tiempo para avisar a la consciencia de lo que sucede.

Neuro-fisiológicamente, parte de la información percibida toma un atajo en su camino hacia la amígdala, por eso, en situaciones de urgencia o espontáneas comenzamos a actuar antes de saber por qué lo hacemos [14]

Cuando una persona es sometida a tensión, ansiedad o a la intensa excitación del placer, un nervio va desde el cerebro hasta las glándulas suprarrenales (situadas por encima de los riñones), provocando la secreción de la hormona llamada adrenalina, que se transporta por el organismo preparándolo para una acción con un alto grado de experimentación. Esta adrenalina, liberada por el sistema nervioso autónomo (denominado simpático) cumple funciones diversas. Una de ellas es la dilatación de las pupilas (hecho que, tanto refleja una situación de alerta ante un peligro como muestra el interés por un tema) reacción que prepara al cuerpo para ver mejor.

2.6.1.1. Asociación comparativa

Hemos de tener en cuenta que el cerebro no consciente actúa por comparación asociativa. Es decir, cuando un elemento externo presente es parecido a uno experimentado en el pasado, es comparado para llevar a cabo una ejecución inconsciente similar a la pasada. Por esta razón el circuito resulta poco preciso: actúa antes de que haya una confirmación plena de todo el cerebro.

El cerebro busca la eficiencia y para alcanzarla acude a recuerdos con la finalidad de tomar una decisión rápida, antes que dedicar demasiado tiempo a analizar la situación. La elección de la compra no es racional sino que está basada en decisiones inconscientes. Si las personas tuviéramos que racionalizar cada toma de decisión nos pasaríamos toda la vida analizando cada situación. El funcionamiento de nuestro cerebro es una reacción a la falta de tiempo y a la necesidad de reacciones rápidas y eficientes.

En la cesta de la compra influye nuestro estado de ánimo, si vamos al supermercado con hambre nuestra compra será mayor que si fuéramos sin apetito, así como la experiencia previa que hemos tenido con la prueba de ese producto.

El proceso de selección de un producto y/o servicio es relativamente automático: se basa en hábitos, en la comparación con la experiencia previa, en la personalidad de cada uno y en el contexto que nos rodea, pero no en la lógica.

---

[13] La inteligencia emocional Daniel GOLEMAN. Javier Vergara Editor, 1ª edición, 1996
[14] Neuromarketing Neuroeconomía y negocios Néstor P. BRAIDOT Ed: Puerto Norte-Sur, 2005

2.6.1.2. La amígdala, posición privilegiada

Las señales son clasificadas con el n de encontrar significados de tal manera que el cerebro reconozca qué es cada objeto y que significa su presencia.

Se ha descubierto que hay un conjunto de neuronas más pequeño que actúa como vía nerviosa más corta, como un atajo, que permite a la amígdala (módulo que pertenece al sistema límbico y se encarga del aprendizaje emocional) recibir algunas entradas de estímulos de forma directa por parte de los sentidos y enviar una respuesta antes del registro de dichos estímulos.

Se podría decir que la amígdala es el centro emocional, como un cajón de impresiones y recuerdos emocionales de los que el ser humano no es plenamente consciente. El hipocampo es el módulo del sistema límbico que registra los datos simples mientras que la amígdala retiene el clima y el contexto emocional.

Tu inconsciente revela emociones que tus pensamientos conscientes no pueden .[15]

2.6.2. Las emociones

El neurólogo Antonio Damasio afirma que: una emoción propiamente dicha, como felicidad, tristeza, vergüenza o simpatía, es un conjunto complejo de respuestas químicas y neuronales que forman un patrón distintivo. Las respuestas son producidas por el cerebro normal cuando éste detecta un estímulo emocionalmente competente, esto es, el objeto o acontecimiento cuya presencia, real o en rememoración mental, desencadena la emoción. [16]

2.6.2.1. Las emociones y los sentimientos

Desde el punto de vista neuronal, las emociones tienen más poder para influir en la conducta que la parte racional. Esto es debido a la anticipación. En el proceso de sentir las emociones, el cerebro recibe los estímulos emocionales mediante una vía rápida que permite producir una respuesta automática e instantánea como reír o llorar. Y más tarde, la información de ese mismo estímulo llega a la corteza cerebral donde se adapta al contexto real y se genera un plan de acción racional y consciente.

Que las emociones sean tan influyentes se explica científicamente porque las conexiones desde los sistemas emocionales hacia los cognitivos son más abundantes que en sentido contrario.

Las emociones son reacciones primarias y justamente por eso son más puras. Los sentimientos se entienden como la asimilación consciente de la emoción.

Todos los seres humanos tenemos emociones básicas que no necesitan aprendizaje porque no les hace falta consciencia: aversión, miedo, enfado y amor. Son universales e innatas. En cambio, los sentimientos son el resultado de un intenso proceso mental por parte de la mente consciente.

---

[15] Doctor Carl MACI, director de la Sede Inmercope (Estudios de Mercado) Boston, para www.AdAge.com
[16] Neurobiología de la emoción y los sentimientos Antonio DAMASIO. Ed. Crítica, S.L., 2005

2.6.3. ESTUDIOS DE LA EMOCIÓN EN HOMBRES Y MUJERES MEDIANTE NEUROIMAGEN (Artículo de revisión) [1]

Las diferencias de género en los procesos emocionales representan uno de los estereotipos más sólidos del mundo. Sin embargo la evidencia empírica de estos estereotipos es deficiente, sobre todo a partir de la utilización de investigaciones medidas tales como los métodos de neuroimagen.

En este artículo se hace una revisión selectiva en la correlación de los procesos emocionales tanto en hombres como en mujeres. Esta revisión se basa en 4 grandes grupos:

- Estudios sobre la percepción de la emoción

- Estudios sobre la reacción de la emoción

- Estudios sobre la experiencia de la emoción

- Estudios sobre la regulación de la emoción.

> **Ejemplo: Estudio 1 dentro de la categoría de la percepción de la emoción por Kemptom (2009)**
>
> - Número de personas estudiadas: 74 (34 mujeres).
>
> - Estímulos: cara.
>
>   Emoción de interés: cara de miedo (miedo).
>
> - Análisis: WB (whole brain) > Todo el cerebro.
>
> - Hombre > Mujer: Circunvalación precentral derecha.
>
> - Mujer > Hombre: Agmídala izquierda, polo temporal derecho, parte superior de la circunvalación occipital.

Estos estudios realizados se pueden resumir en la siguiente gura. Por simplicidad, la localización de la zona del cerebro que se activa se ha dividido en 4 partes:

- Zona frontal

- Zona parietal

- Zona temporal

- Zona límbica/subcortical.

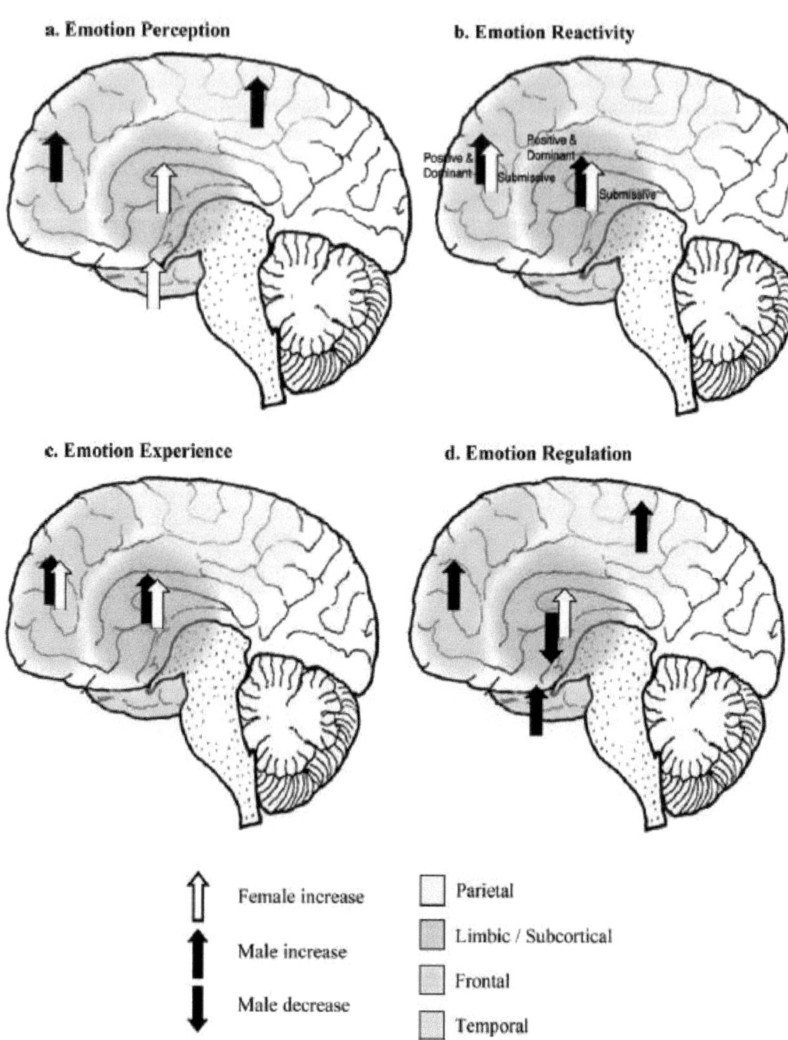

Figura 2.5: Resumen de los estudios realizados acerca de la correlación emocional entre hombres y mujeres

3 NEUROCIENCIA

La neurociencia es un campo de estudio relativamente nuevo, el cual surge, de manera formal a mediados del siglo XX, con la creación de los primeros laboratorios de neurobiología del comportamiento (y similares), como lo fue la división de psiquiatría del Instituto de Walter Reed a finales de los años 50 y en 1962, el Programa de Investigación en Neurociencia en MIT y el departamento de neurobiología de Harvard. Sin embargo, las ideas bases han existido desde los griegos, comenzando con Hipócrates, y se han ido desarrollando y profundizando en los últimos dos siglos. No obstante la neurociencia contemporánea, y sus bases teóricas y prácticas, comenzaron a principios del siglo XX con Santiago Ramón y Cajal y continúan desarrollándose hasta el día de hoy.

La neurociencia, también es llamada ciencia neural o cerebral (brain or neural science), la cual se enfoca en descubrir y entender procesos cerebrales, especialmente en el humano, que expliquen sus habilidades (capacidades) y comportamientos en todas las esferas de su ser y quehacer (percepción, aprendizaje, memoria, sentimientos, emociones, lenguaje y otros procesos cognitivos, emocionales y sociales). Explicar las bases biológicas de la actividad mental y sus repercusiones en la vida de la persona, de una manera integral y holística, es la meta y la forma esencial de la neurociencia.

El cerebro humano basa su funcionamiento en la comunicación entre células nerviosas (neuronas) mediante un complejo esquema de señalización electroquímica. Un cerebro humano contiene unos 100.000 millones de neuronas. Las neuronas descargan potenciales eléctricos que discurren a lo largo de prolongaciones llamadas axones y desembocan en puntos de unión denominadas sinapsis. En las sinapsis, las descargas eléctricas desencadenan la descarga de sustancias químicas conocidas como neurotransmisores, que se difunden a lo largo de un pequeño espacio que separa una neurona de otra. Los neurotransmisores finalmente alcanzan la sinapsis de otra neurona y producen alteraciones en ella que pueden terminar desembocando en una nueva descarga eléctrica que alcance a una nueva neurona en la red y así sucesivamente.

Las corrientes sinápticas que se producen entre neuronas vienen acompañadas por campos magnéticos y corrientes compensatorias externas a las células. Los campos magnéticos atraviesan los tejidos cerebrales, los huesos y la piel, extendiéndose alrededor de la cabeza. Las corrientes compensatorias también pueden ser medidas en puntos concretos del cuero cabelludo, aunque estas si son afectadas considerablemente por las variaciones de tejido y hueso que deben atravesar.

3.1. TÉCNICAS EN NEUROCIENCIA

Cada vez que nuestro cerebro es sometido a estímulos a través de los sentidos (vista, oído, tacto. . .), su actividad se revela en una serie de señales (eléctricas, magnéticas, químicas. . .). Los neurocientíficos han desarrollado tecnologías para realizar mediciones de esa actividad.

A continuación se hace un resumen de algunas de estas tecnologías y sus aplicaciones, con el fin de dar un panorama lo suficientemente amplio y claro de lo que hoy en día conocemos como técnicas en neurociencias.

3.1.1. Electroencefalografía (EEG)

La electroencefalografía[1] (o EEG) es una de las técnicas de las neurociencias que se utiliza con mayor frecuencia, especialmente por su reducido coste frente a los sistemas de imagen cerebral.

La actividad coordinada de miles de neuronas produce diferencias de potencial en el cuero cabelludo que pueden ser registradas utilizando electrodos en conjunción con amplificadores de señal. Es decir, colocando una serie de electrodos repartidos por la cabeza podemos hacernos una idea de en qué zonas de nuestro cerebro se está produciendo mayor actividad. La EEG que toma datos del cuero cabelludo es una técnica no invasiva y silenciosa que es sensible a la actividad neuronal. Su resolución temporal está determinada por el hardware pero típicamente mide el voltaje cada entre 1 y 3 milisegundos, lo que supone una buena resolución temporal. Sin embargo, la EEG tiene una resolución espacial muy limitada (al

número de electrodos) y no ofrece datos fiables de las partes más internas del cerebro. La principal ventaja de la EEG es el coste, ya que es una técnica tan sólo moderadamente cara que puede utilizarse con relativa facilidad. Por otra parte, la EEG ofrece libertad de movimientos al sujeto, ya que éste puede moverse en una estancia e interactuar (cosa que no podría hacer con una fMRI, por ejemplo).

3.1.2. Resonancia magnética funcional (fMRI)

La resonancia magnética funcional o fMRI[2] es una técnica que permite obtener imágenes del cerebro mientras realiza una tarea. La fMRI no requiere inyección de sustancia alguna pero requiere que el sujeto se coloque en una máquina en forma de tubo que puede generar ansiedad claustrofóbica.

La fMRI ofrece una excelente resolución espacial, ya que identifica perfectamente (1- 3 mm de resolución) la zona del cerebro con mayor actividad en función de los niveles de oxígeno en sangre. No obstante, requiere más tiempo para obtener las imágenes (5-8 segundos), por lo que no ofrece la velocidad de reacción de la EEG.

---

[1] http://es.wikipedia.org/wiki/Electroencefalograf%C3%ADa
[2] http://es.wikipedia.org/wiki/Resonancia_funcional

El uso de la fMRI es necesario para obtener mediciones de las partes más internas del cerebro, como por ejemplo el nucleus acumbens, que tiene un rol importante en el procesamiento de las emociones.

3.1.3. Magnetoencefalograma (MEG)

La actividad coordinada de las neuronas produce campos magnéticos además de las corrientes eléctricas que medía el EEG. La intensidad de estos campos es tremendamente pequeña pero puede ser medida por una técnica denominada magnetoencefalografía o MEG[3].

La EEG y la MEG son técnicas conceptualmente similares pero la MEG ofrece una calidad de señal superior y una resolución temporal muy alta. Sin embargo, sus costes son mucho mayores que el EEG.

3.1.4. Tomografía de Emisión de Positrones (PET)

Como la fMRI, la tomografía por emisión de positrones o PET4 mide cambios en el metabolismo del cerebro. Concretamente, mide la dispersión espacial de un radioisótopo administrado al sujeto analizado a través de una inyección. El escáner PET es capaz de detectar la radiación gamma producida por el isótopo, obteniendo así una imagen del metabolismo de la glucosa en el cerebro, y por lo tanto una indicación clara de los puntos con mayor actividad cerebral.

La PET es una técnica invasiva que raras veces se utiliza en investigaciones no clínicas.

Por último, además de las respuestas del cerebro, hay otros indicadores fisiológicos que pueden ser medidos para tener una idea más clara de la respuesta de un sujeto a un estímulo concreto. Para la medición de las micro-expresiones faciales involuntarias, el movimiento de los ojos y la respuesta galvánica de la piel empleamos técnicas tales como la electromiografía, los sistemas de seguimiento ocular (eye-tracking) y los sistemas de medición de la conductancia de la piel (tipo polígrafo).

3.1.5. Electromiografía (EMG)

La electromiografía[5] o EMG es una técnica médica que consiste en la aplicación de pequeños electrodos de bajo voltaje en forma de agujas en el territorio muscular que se desea estudiar para medir la respuesta y la conectividad entre los diferentes electrodos.

3.1.6. Seguimiento ocular o eye-tracking

Otro de los indicadores fisiológicos que se utilizan para medir la respuesta de los sujetos de estudio es el movimiento de los globos oculares.

---

[3] http://es.wikipedia.org/wiki/Magnetoencefalograf%C3%ADa
[4] http://es.wikipedia.org/wiki/Tomograf%C3%ADa_por_emisi%C3%B3n_de_positrones
[5] http://es.wikipedia.org/wiki/Electromiograf%C3%ADa

La tecnología de seguimiento ocular utiliza cámaras de alta velocidad (por ejemplo 60 imágenes por segundo) para rastrear el movimiento de los globos oculares, la dilatación de la pupila y el parpadeo del sujeto, entre otros factores. Existen diferentes tecnologías de medición pero algunas de ellas, como los monitores de Tobii[6], están diseñadas de una manera tan poco invasiva que utilizar esa tecnología no di ere de visualizar imágenes en un monitor convencional.

La información que recogen los sistemas de seguimiento visual nos puede servir para conocer los recorridos visuales de los sujetos y crear mapas que señalen los puntos calientes de la imagen, es decir, los lugares en los que la vista se detiene durante más tiempo. También nos pueden indicar las trayectorias que siguen y el orden en el que son examinados los elementos.

Esta información puede ser valiosa para el análisis de folletos y otros originales impresos o de páginas web. Ha de precisarse que, en este último caso, normalmente solo se pueden analizar pantallazos o versiones estáticas de las páginas web, puesto que las opciones de navegación de una página web harían imposible comparar los resultados de los distintos sujetos. Cada visita a una web es una experiencia única para el usuario. No obstante, las técnicas de seguimiento ocular si pueden utilizarse para ver la facilidad con la que los sujetos encuentran los distintos centros de interés de la página.

Algunas tecnologías de seguimiento ocular se utilizan también para detectar los puntos calientes en originales audiovisuales (como spots de televisión). La visualización de los datos se hace añadiendo a la película visualizada un punto rojo en los centros visuales de los sujetos de la muestra. La nube de puntos se dispersa por distintos detalles en algunos momentos y se concentra en otros, dando una idea clara de cuáles son los puntos de interés de la película y los momentos de mayor concentración de la atención.

Por otro lado, otras técnicas de investigación incluso utilizan los datos relativos al parpadeo, velocidad de movimiento y dilatación de la pupila para inferir la implicación emocional con lo que se está observando. Este es el caso de la tecnología Emotion Tool de iMotions[7], una compañía danesa especializada en el desarrollo de software de seguimiento ocular.

3.1.7. Respuesta galvánica o conductancia de la piel

El miedo, la ira o los sentimiento sexuales generan cambios en la resistencia eléctrica de la piel. Este fenómeno se conoce como respuesta galvánica (GSR) o conductancia de la piel (SRC)[8] y es la base de la tecnología polígrafo, también conocido como detector de mentiras.

Las técnicas de medición de la respuesta galvánica se utilizan como otro indicador más del estado del sujeto mientras es sometido a estímulos.

---

[6] http://www.tobii.com/archive/ les/17989/Tobii_T60_and_T120_Eye_Trackers_lea et.pdf.aspx
[7] http://www.imotions.dk/
[8] http://en.wikipedia.org/wiki/Galvanic_skin_response

El sistema Neuro-Trace de LAB9 mide la conductancia de la piel para, junto con otros indicadores, inferir el nivel de activación (arousal) del sujeto. La activación (arousal) es fundamental para regular la consciencia, la atención y el procesamiento de la información. Resulta un elemento crucial para la motivación de determinadas conductas: la búsqueda de alimento, la actividad sexual o las decisiones de tipo lucha o huye.

3.1.8. Comparativa de las técnicas neurocientíficas

Una comparativa de las técnicas neurocientíficas:

TÉCNICAS	EEG	FMRI	MEG	PET
¿Qué se mide?	Fluctuaciones eléctricas	Cambios en el metabolismo	Fluctuaciones magnéticas	Cambios en el metabolismo
Riesgo para el Participante	No invasiva	No invasiva Ansiedad claustrofóbica	No invasiva	Invasiva Ansiedad claustrofóbica
Resolución Temporal	Muy Buena	Limitada	Muy buena	Limitada
Resolución Espacial	Limitada	Muy Buena	Limitada	Buena
Coste	Buena relación calidad/precio	Cara	Cara	Cara

Tabla 3.1: Comparativa de técnicas de neurociencia

3.2. DISCIPLINAS EN NEUROCIENCIA

Basándonos en la neurociencia, existen gran variedad de disciplinas. Entre las trataremos podemos encontrar:

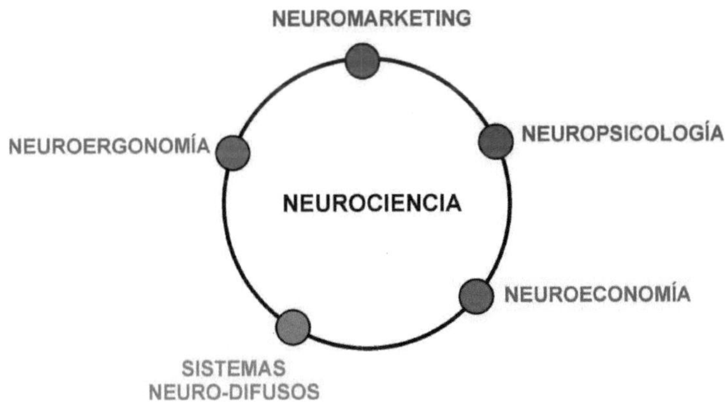

---

[9] http://www.labtd.com/

4 NEUROMARKETING

Como en todas las ramas de la administración y gracias a la importancia que tiene esta hoy en día, grandes pensadores, expertos en múltiples ciencias, empíricos y teóricos, crean e inventan nuevas técnicas y tecnologías para mejorar, fortalecer o hacer más rentable a las organizaciones, para así hacerla sostenible y perdurable.

El Marketing no es ajeno a esto y dentro de las muchas cosas que se han propuesto para aplicar dentro de este campo encontramos el Neuromarketing.

4.1. DEFINICIÓN

Las metodologías de investigación clásicas dentro del marketing son los focus group, las encuestas y test de productos, entre muchos otros. Estas metodologías acercan a organización al cliente y buscan conocer cómo, cuándo, que y en donde compra el consumidor, para así conocer sus gustos, preferencias y deseos y así enfocar todos los esfuerzos tanto humanos como económicos en atacar de la mejor forma y con el mejor mix al mercado objetivo que tiene cada organización y obtener de allí consumidores que compran sus productos o servicios y que en un futuro repitan su compra y mejor aún, le comenten a sus círculos las virtudes del producto.

A pesar de que estas metodologías han hecho hallazgos importantes y ha cumplido con sus objetivos, lo cierto es que aunque las empresas siguen las conclusiones que se encuentran aún es muy bajo el porcentaje de productos que pasan la fase de introducción en el ciclo de vida del producto y mueren prematuramente.

Hace unas décadas, una serie de estudiosos de la neurociencia hicieron un experimento llamada el Desafío Pepsi , caso que se expondrá más adelante, pero fue este al parecer, la duda que dio origen al Neuromarketing, ya que al desarrollar este evidenciaron lo racional e irracional que es la mente humana al realizar procesos de decisión de compra y más adelante esto sería confirmado con la aplicación de diversas tecnologías de visualización de la actividad cerebral y neuronal, con lo cual se determinaría que las personas en la mayoría de las ocasiones no compran de forma racional y por tanto se construye alrededor de esto la importancia que tiene la publicidad y el posicionamiento de marca en la mente del consumidor no como Top of mind sino como Top of Hearth, pues esto confirmo que el componente emocional dentro del proceso de compra es muy alto y el cual era casi imposible de evidenciar con las metodologías clásicas, pues las respuestas que el consumidor o cliente daban en estas, era respuestas racionales y no emocionales.

Por tanto se podría definir el Neuromarketing de la siguiente forma:

El Neuromarketing es un nuevo sistema de investigación que hoy en día está adquiriendo notoriedad dentro de un mercado que continuamente incorpora nuevas fórmulas, técnicas y enfoques. Éste consiste en la aplicación de técnicas pertenecientes a las neurociencias al ámbito de la mercadotecnia, estudiando los efectos que la publicidad tiene en el cerebro humano con la intención de poder llegar a predecir la conducta del consumidor. . . El Neuromarketing puede definirse como un área de estudio interdisciplinaria en la que se aplican técnicas y tecnologías propias de las neurociencias (como encefalogramas y resonancias magnéticas) para analizar las respuestas cerebrales del hombre frente a diversos estímulos de marketing. [2]

4.2. ORÍGENES

Algunos académicos sitúan el origen del neuromarketing en el Brighthouse Institute for Thought Science de Atlanta, una institución relacionada con la Emory University. El mentor de este campo de conocimiento es Joey Reiman, docente de Psiquiatría y Economía en esa institución. Lo cierto es que los años ochenta supusieron una revolución en la manera en la que entendemos el pensamiento del ser humano. Varios científicos comenzaron a utilizar técnicas neurocientíficas para demostrar que la visión del ser humano como ser completamente racional y consciente de sus decisiones. Algunos de esos pioneros:

- Joseph Ledoux (New York University)

- Daniel Kahneman (Princeton University)

- Muhzarin Banaji (Harvard University)

- Daniel Schacter (Harvard University)

- Antonio Damasio (University of South California)

- John Bargh (Yale University)

- Robert Zajonc (Stanford University)

La visión romántica del homo sapiens como ser completamente racional dio paso a una visión pragmática con la neurociencia como herramienta. Algunas ideas centrales de esta nueva manera de concebir al ser humano:

- El homo aeconomicus actúa de manera irracional. Atrás queda una visión romántica del ser humano en la que éste tomaba las decisiones que racionalmente le resultaban más favorables.

- Es necesario ir más allá de las declaraciones verbales para comprender al ser humano. Las declaraciones verbales, incluso en el caso en el que no pretenda engañarnos, no son testimonios completamente fiables.

- Existe todo un universo de decisiones inconscientes. Decisiones que tomamos en base a información que poseemos pero de la que no somos conscientes, decisiones que se producen en un segundo plano de nuestra conciencia.

El inconsciente no tiene que ver con deseos sexuales reprimidos. Tiene que ver con neurofisiología, los procesos automáticos de nuestro cerebro y la cognición social implícita. Nuestro cerebro tiene una serie de mecanismos automáticos, de reacciones subconscientes que pueden ser medidas y registradas a través de la tecnología de las neurociencias. Esa información adicional nos permite comprender las conductas de los seres humanos de una manera más clara y precisa.

4.3. OBJETIVOS DEL NEUROMARKETING

Los objetivos que el Neuromarketing persigue son:

- Conocer cómo el sistema nervioso traduce la enorme cantidad de estímulos a los que está expuesto un individuo al lenguaje del cerebro.

- Predecir la conducta del consumidor tras el estudio de la mente, lo que permite seleccionar el formato de medios prototipo y el desarrollo de la comunicación que la gente recuerde mejor.

- Desarrollar todos los aspectos del marketing: comunicaciones, producto, precios, branding, posicionamiento, targeting, planeamiento estratégico canales, etc. con los mensajes más acorde a lo que el consumidor va a consumir. Ya no importa tanto qué haya para ofrecer, sino el impacto emotivo que genera la forma en que se comunica la promoción, especialmente en el entorno minorista.

- Comprender y satisfacer, cada vez mejor, las necesidades y expectativas de los clientes. [3]

4.4. PUNTOS DÉBILES

Aunque el Neuromarketing presenta todas estas virtudes y fortalezas, también tiene puntos débiles que han sido debatidos en múltiples conferencia, simposios y ponencias sobre este tema. Estos son:

- Elevado costos: Tal vez la barreras más altas para que las empresas prueben este tipo de tecnologías, pues perfectamente el alquiler de una cámara para resonancia magnética funcional puede constar cerca de US$ 1.500 para una sola sesión.

- Tamaño de la muestra: No muchas personas están dispuestas a que su cerebro se leído y escaneado, por lo cual es muy difícil tener grandes muestras a diferencias de las encuestas o los focus group.

- Mala imagen: Alrededor del Neuromarketing se han tejido teorías de que estas investigaciones podrán ser usadas para realizar publicidad subliminal o para controlar la mente de los compradores y que estos pierdan la conciencia y su capacidad de decisión.

- Consideraciones éticas: Respecto del Neuromarketing se ha hablado del no respeto a la libertad del consumidor y la pérdida de conciencia del consumidor de forma involuntaria, lo cual deriva en juicios éticos y morales en contra del neuromarketing, la publicidad y la economía que ven al consumidor como un objeto y no como un ser humano.

- Falta de acuerdo entre investigadores y ausencia de estándares: Al ser un tema reciente y tener pocos casos que hayan salidos a la luz pública (dado que la mayoría de las empresas que están implementando esta metodología pre eren no hacerlo público por la mala imagen que el neuromarketing ha suscitado), los expertos aún no tienen parámetros comparables ni conceptos claros sobre el tema, pues su complejidad es amplia dado que se está estudiando el órgano más importante del ser humano, el cerebro.

Aun así, el mundo del neuromarketing toma esto como retos para solucionar en un futuro, pues es una metodología bastante joven, que aún está creciendo y de la cual queda mucho por descubrir y argumentar.

Para lograr todo esto y cumplir con sus objetivos, el Neuromarketing se ha valido de muchas técnicas y tecnología, que serán expuestas a continuación.

4.5. TÉCNICAS Y TECNOLOGÍAS APLICADAS AL NEUROMARKETING

El neuromarketing utiliza técnicas de diagnóstico para identificar modelos de actividad cerebral, con la finalidad de revelar los mecanismos internos que se desarrollan en el cerebro humano cuando éste está expuesto a estímulos externos.

- Técnicas de Neuroimagen (Neuroimaging): El método más utilizado por el neuromarketing. El Event-Related fMRI. Resonancia Magnética Funcional por Imágenes. Figura 4.1[1]

---

[1] California State University Long Beach - www.csulb.edu/~cwallis/482/fmri/fmri.html

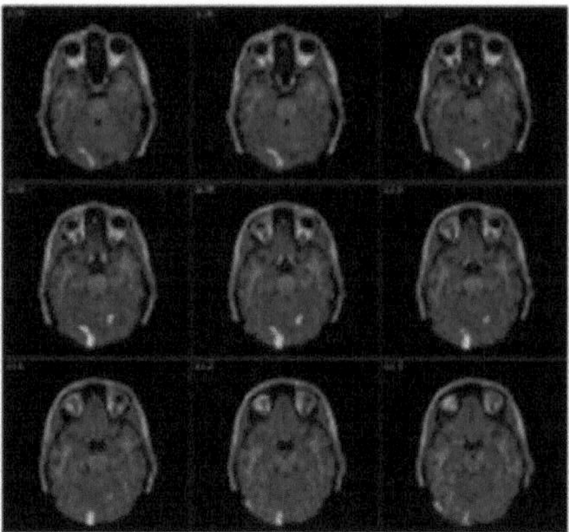

Figura 4.1: fMRI Este tipo de estudios permiten visualizar en una pantalla cómo se activan las diferentes zonas del cerebro ante estímulos externos

La tecnología fMRI permite mostrar en imágenes las regiones cerebrales que ejecutan una tarea determinada. Estudia el cerebro completo, resaltando las zonas que se activan ante los diferentes procesos de estimulación. Su técnica permite ofrece un ajustado retrato de la región más desconocida del ser humano. Para ello, se hacen cortes de imágenes y se van analizando las regiones.

Esta técnica se basa en la alienación de partículas atómicas en los tejidos del cerebro, bombardeadas con ondas de radio. Dichas partículas emiten distintas señales según el tipo de tejido del que se trate. Esta información, gracias a un software especializado, se convierte en una imagen tridimensional conocida como tomografía.[2]

A cada exploración se le llama scan y da una imagen parecida a la de una radiografía. Los scannings modernos pueden llegar a obtener hasta cuatro imágenes por segundo y gracias a esta técnica se puede observar zonas de actividad en distintas partes del cerebro en el momento que se producen.

Según las zonas cerebrales que se activan podemos deducir, entre otras cosas:

- el grado de implicación racional y emocional que hay en las diferentes decisiones de compra

- el nivel de atención

- la capacidad para retener información

- que atributos generan aceptación y cuáles rechazo ante un nuevo producto y/o servicio

- el nivel de impacto y recuerdo de un spot televisivo

[2] Neuromarketing Neuroeconomía y negocios Néstor P. BRAIDOT Ed: Puerto Norte-Sur, 2005

- que procesos mentales se producen de manera consciente y cuáles de manera inconsciente

- qué tipo de vínculo emocional existe entre el consumidor y una marca determinada

La lista sería muy extensa y constantemente se investigan nuevas aplicaciones. La finalidad principal del fMRI es el análisis de la activación de zonas relacionadas a la emoción para explorar como ésta influye en la toma de decisiones.

- **EEG (Encefalografía):** [3]

  Principal técnica de neurociencia que se aplica, también, a la investigación relacionada con la publicidad y el marketing. Se caracteriza por ser una técnica no invasiva que mide las fluctuaciones eléctricas del cerebro en diferentes frecuencias. Su principal inconveniente es que no tiene una resolución espacial suficiente para medir los cambios en estructuras más profundas del cerebro, como es el nucleus accumbens (relacionado con el procesamiento de las emociones).

- **MEG (Magnetoencefalografía):** [4]

  Es otra técnica no invasiva utilizada en el ámbito del marketing que mide, en este caso, las fluctuaciones magnéticas que se producen en el cerebro como resultado de la actividad coherente de grupos de neuronas. La calidad de la señal y la resolución temporal de la MEG son superiores a las de la EEG.

- Otros investigadores utilizan el Eye-tracking[5] para conocer los intereses y comportamiento del consumidor en el punto de venta.

  Este método utiliza unas gafas equipadas con micro-cámaras capaces de seguir el movimiento de los ojos e identificar los puntos en los que se detiene la mirada. Dicho sistema señala con círculos rojos los objetos que atraen el interés del consumidor. Los círculos señalan los movimientos de la mirada y los rombos, los puntos donde se desarrolla actividad cerebral como examinar un producto. El Eye-tracking permite llevar a cabo los descubrimientos de la psicología del consumo ya que proporciona información de gran valor a la hora de establecer la situación de los productos en el interior del establecimiento, a la vez que ayudan a estructurar la distribución óptima de los mismos en los estantes.

- Respuesta Galvánica de Piel: El miedo, la ira o los sentimiento sexuales generan cambios en la resistencia eléctrica de la piel. Los cambios en la resistencia galvánica de la piel dependen de ciertos tipos de glándulas sudoríparas que son abundantes en las manos y los dedos. Este fenómeno se conoce como respuesta galvánica (GSR)

---

[3] Artículo Técnicas de Investigación en Neuromarketing. Sergio MONGE. Blog Taller d3.
[4] Técnicas de Investigación en Neuromarketing . Sergio MONGE. Blog Taller d3.
[5] Artículo Científicos en el supermercado MARKETING DIRECTO - www.marketingdirecto.com

o conductancia de la piel (SRC) y es la base de la tecnología polígrafo, también conocido como detector de mentiras.

Las técnicas de medición de la respuesta galvánica también se utilizan en neuromarketing como otro indicador más del estado del sujeto mientras es sometido a estímulos (normalmente publicitarios). Puesto que el incremento de conductividad de la piel representa una activación del sistema de pelea o huye del organismo, la conductancia de la piel es una excelente medida de activación/estimulación, pero no nos ofrece información sobre la dirección o valencia de la emoción (si es positiva o negativa). Por lo tanto, normalmente se puede utilizar la respuesta galvánica para saber que existe una activación emocional pero son necesarias otras técnicas para determinar si se trata de deseo, miedo, ira. . .

He encontrado diferentes términos para referirse a la respuesta galvánica de la piel:

- Electrodermal Activation (EDA)
- Galvanic Skin Response (GSR)
- Skin Conductance Response (SCR)

- La electromiografía (EMG): es una técnica médica que consiste en la aplicación de pequeños electrodos de bajo voltaje en forma de agujas en el territorio muscular que se desea estudiar para medir la respuesta y la conectividad entre los diferentes electrodos. La EMG mide actividad eléctrica generada por los músculos, sobre todo el músculo superciliar (Corrugator supercili) y el músculo cigomático (Zygomaticus) o músculo de la sonrisa.

En neuromarketing, la electromiografía se utiliza para registrar micro-expresiones faciales que están conectadas directamente con estados emocionales (electromiografía facial). Cuando somos sometidos a un estímulo (por ejemplo un anuncio de televisión), los músculos de nuestra cara se mueven involuntariamente como reacción a lo que estamos viendo. Es el equivalente a sonreír en respuesta a lo que estamos viendo, aunque algunas de esas expresiones son de muy corta duración y difíciles de detectar a simple vista. La lectura de expresiones faciales es un campo de estudio que se ha popularizado recientemente gracias a la serie de televisión Lie to Me (Miénteme , en Español), cuyo argumento está inspirado en las investigaciones del Doctor Paul Ekman.

La electromiografía (EMG) puede ser un poderoso indicador de valencia positiva o negativa de la reacción a los estímulos (es decir, gusto o disgusto), especialmente para estímulos visuales, auditivos, olfativos y gustativos.

El sistema Neuro-Trace de LAB, por ejemplo, utiliza la información de la electromiografía para calcular los índices emocionales de respuesta a los distintos estímulos audiovisuales a los que se somete a los sujetos de estudio (spots, películas, imágenes, textos. . .).

- Ritmo Cardíaco: La velocidad de latido del corazón puede ser un indicador de distintas reacciones fisiológicas, como por ejemplo atención, arousal y esfuerzo físico o cognitivo. El latido del corazón normalmente se mide en términos de tiempo entre latidos y se ha descubierto que las deceleraciones en el corto plazo suelen estar relacionadas con el incremento de la atención, a la vez que las aceleraciones a más largo plazo suelen corresponderse con el arousal emocional negativo (respuesta defensiva). [4]

4.6. NEUROMARKETING APLICADO

A pesar de que el Neuromarketing es relativamente nuevo dentro del campo de estudio del Marketing y como herramienta para lograr los fines y objetivos que esta rama se ha propuesto, podemos encontrar varias empresas de diversos ámbitos que han aplicado exitosamente estas técnicas y tecnología y las cuales es muy importante tenerlas como punto de referencia para comprender un poco más el alcance que se puede tener por medio del Neuromarketing.

4.6.1. CASO 1: Neuromarketing: ¿Qué nos impulsa a comprar?

¿Champán o cava? ¿Axe o Nivea? Estamos en plena guerra del marketing. La publicidad lucha por obtener nuestra atención y la batalla es cada vez más acalorada y ruidosa. Pero también hay otras formas de hacer las cosas: el neuromarketing señala nuevos caminos allí donde las estrategias clásicas de ventas no funcionan.

La gente quiere consumir y la publicidad le quiere informar, convencer, sugerir. Pero la gente no se deja impresionar por sus mensajes ¿O sí? ¿No somos acaso consumidores responsables que, en una sociedad de la información moderna, solo compramos lo que necesitamos o de verdad queremos sin dejarnos influir? Compramos de forma consciente y siguiendo nuestros propios criterios y solo los débiles se dejan influir.

Sin embargo, la ciencia del neuromarketing es de otra opinión, como explica el vídeo Neuropublicidad - ¿La nueva publicidad que acaba con la guerra del marketing de ruido? Algunas investigaciones han desvelado que entre el 80 % y el 90 % de las compras que se realizan son irreflexivas. A la hora de comprar, activamos el piloto automático, aunque la mayoría de la gente no lo quiera reconocer. Y es el piloto automático lo que tiene que estimular la publicidad. Pero ¿cómo?

Las encuestas a consumidores son cosa del pasado. Los avances de la medicina permiten a los publicistas mirar directamente dentro del cerebro del consumidor. Un equipo de psicólogos, economistas e investigadores del cerebro busca los secretos del proceso intuitivo de toma de decisiones. ¿A qué zonas del cerebro hay que dirigirse? Las imágenes generadas por los tomógrafos nucleares permiten localizar las zonas del cerebro que se activan especialmente ante estímulos publicitarios; así se pueden reconocer las estructuras cerebrales que tienen algún papel en la toma de decisiones. La memoria, el centro de recompensa, la emoción y la zona de control en la zona delantera del cerebro y que enlaza directamente con la corteza motora, se conjugan para tomar una decisión sobre si se comprará algo o no.

Las imágenes del tomógrafo muestran que el cerebro reacciona mejor ante los rostros de personas que ante los logotipos. Las caras despiertan sentimientos y los famosos estimulan la memoria. La industria tendrá algo que aprender de estos hallazgos.

Una exitosa campaña de Dove apenas despertó dudas. Las mujeres reales obtienen más aceptación del público que las modelos perfectas. Sin embargo, un escáner cerebral muestra otro panorama: en todas las categorías, la publicidad con personas extremadamente bellas funciona mejor entre las potenciales consumidoras. Pero si se le preguntaba al respecto, contradecían esta idea.

Las empresas también intentan vender mejor los productos a los cerebros masculinos. El neuromarketing tiene que determinar cómo diseñar el frontal de un coche. Si el frontal se parece en su estructura al rostro de una mujer, los sujetos de prueba reaccionan de forma más positiva que ante otros diseños.

Sin embargo, el neuromarketing aún está dando sus primeros pasos. Apenas hay empresas que hayan apostado por el escáner cerebral para apelar directamente al piloto automático con su publicidad. ¿Por qué no? Si realmente las decisiones de compra se toman de forma inconsciente, puede que la publicidad clásica deje de tener sentido. La neuropublicidad es sutil, relajada, habla en voz baja. Las empresas pueden librar su batalla por el consumidor de forma silenciosa en el subconsciente y solo cuando estemos delante del estante del supermercado, sabremos quién la ha ganado. Esta neuropublicidad inadvertida tiene una ventaja: ya no hay que pensar tanto y la gente tendrá más tiempo para ganarse el dinero que le permite comprar irracionalmente lo que se le haya metido en el cerebro. [7]

El Desafío Pepsi tal vez es el caso más popular y sobre el cual se hace mucho hincapié, dado que este fue el primer gran estudio de Neuromarketing. Para conocer este caso se tomará como guía el siguiente artículo, el cual no solo nos describe a groso modo la metodología sino también reflexiona sobre la importancia de la marca y como afecta la mente el posicionamiento que tenga está en la mente de las personas: Producto y marca según el Neuromarketing

4.6.2. CASO 2: Producto y marca según el Neuromarketing

Publicado por Redacción Infobrand.

¿Cómo se hace para que nuestra marca marque el cerebro con una preferencia? se pregunta el especialista Néstor Braidot. En las estrategias de productos, servicios y marcas hay un cambio fundamental en la era del Neuromarketing. Hasta ayer desarrollábamos productos a los cuales les asignábamos marcas para que se identifiquen, se diferencien de la competencia y cuenten con una estrategia competitiva. A diferencia de ello en la era del Neuromarketing tenemos marcas a las que se les asignan productos para que bajo su tutela y protección se desarrollen.

Las marcas cuando cuentan con una estrategia de desarrollo mercadológico adecuado generan un impacto en el cerebro humano más importante que la influencia que produce la evaluación por racionalización de conveniencia para decidir la compra o adquisición del producto o servicio.

En estos casos las marcas generan un espacio en el metaconsciente, en la mente humana, y cuando cuentan, además, con factores emocionales involucrados en su recordación comprometen el lado emocional del cliente e influyen en su circuito decisional.

El cerebro humano trabaja en forma organizada, contando con áreas especializadas en diferentes actividades. Los hemisferios cerebrales constituyen una de las principales diferencias de especialización que se han descubierto.

El hemisferio derecho es el que fundamentalmente trabaja con aspectos conceptuales (la marca es un concepto), con valores humanos (la marca es un valor) y emociones (la marca es más emoción que razón).

El poder de una marca radica en que reúne un rango amplio de asociaciones e ideas que relacionan precisamente tanto conceptos como valores y emociones. La identidad de una marca juega un rol esencial en el proceso de compra puesto que cuando el sujeto la conoce, la vive y la siente positivamente se activan tanto el hipocampo, una región del cerebro involucrada en el proceso de memorización, como la corteza prefrontal relacionada con las emociones.

En varios experimentos realizados se demuestra que tanto el hipocampo como la corteza prefrontal están fuertemente involucradas en el concepto de marca.

- CASO POR CASO

La importancia del proceso metaconsciente no evaluativo del cerebro y el vínculo emocional de la marca supera, en muchos casos, el alcance que pudieron pretender los creadores de la marca.

Por ello, las marcas forman parte del capital inmaterial, intangible de toda organización y se convierten en el elemento de más valor para las empresas que comercializan tanto productos como servicios.

Un caso ejemplificativo interesante es el que nos brinda el estudio realizado en laboratorio por Montagne en relación a la conocida campaña de Pepsi que se denominara desafío Pepsi . El caso sirve como testimonio de cómo funciona el cerebro humano en diferentes situaciones de conocimiento y no conocimiento de la marca del producto que está probando.

El interés por este caso tiene que ver fundamentalmente con el objetivo de comprender cómo funciona realmente el cerebro humano ante estas situaciones y su posible extrapolación a otros productos y marcas.

En imágenes tomadas en laboratorio se observó la activación cerebral en el test anónimo de prueba Coca Cola y Pepsi Cola. El denominado desafío Pepsi realizado a nivel mundial años atrás. Cuando se estudia esta campaña-experimento en laboratorio, es decir en profundidad, con técnicas de escaneado cerebral y con las mismas características con las que se realizara a nivel público, se destacan las siguientes observaciones:

En el test anónimo (sin conocimiento de las marcas), es decir cuando se le da a probar a la muestra de consumidores las dos bebidas colas (Coca Cola y Pepsi) sin que se identifiquen ni una ni otra se produce una respuesta comportamental correlacionada con una activación del cortex ventromedial prefrontal , asociado con las elecciones vinculadas a los sentidos del gusto y otras influencias fuertemente sensoriales. Es decir elementos concretos, sensoriales, vinculados al producto tangible que estaban probando.

En el test no anónimo (prueba del producto con conocimiento de las marcas de cada uno) se produce una diferencia en la activación cerebral de las personas que están eligiendo que revela la incidencia de circunstancias muy diferentes a la de la anterior elección.

Esta incidencia deriva fundamentalmente de la influencia del conocimiento de las marcas de cada una de las bebidas y sus efectos en la memoria metaconsciente y sus respectivas emociones asociadas.

En concreto en el caso de las reacciones ante el consumo identificado de Coca Cola se observa una activación en el cortex dorsolateral prefrontal , hipocampo y tálamo asociados fundamentalmente con la memoria de las personas y especialmente memorias emocionales. En el caso de Pepsi Cola por su parte no se produce gran diferencia respecto de la elección anónima anterior.

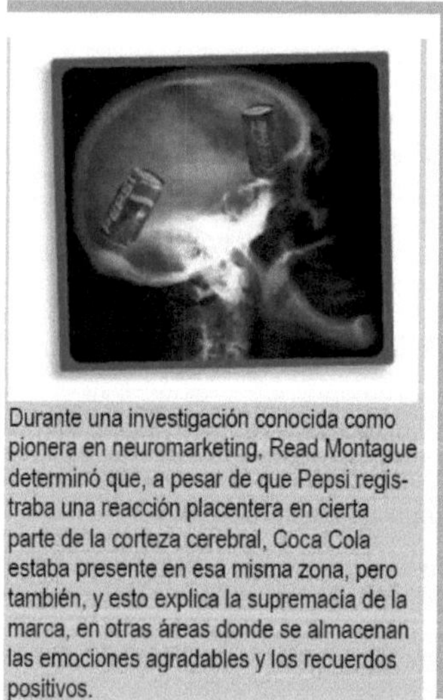

Figura 4.2: Desafío Pepsi

Esto permite deducir que el conocimiento de las marcas provoca fuertes diferencias en términos de cómo afecta en las preferencias comportamentales y cómo producen respuestas cerebrales diferentes en sus consumidores.

De este caso podemos generalizar para otras situaciones algunas afirmaciones que claramente cambian los parámetros habituales de las estrategias de marcas. Cuando la decisión de compras es motivada solamente a través de información sensorial, produce una actividad cerebral evaluatoria con parámetros restringidos a las características físicas del producto concreto pues se canaliza a través del cortex ventromedial prefrontal lo cual indica un comportamiento más racional en la decisión de preferencia del individuo.

- DIFERENTES MEMORIAS

Sin embargo, cuando la marca logra desarrollar un buen posicionamiento, es decir cuando verdaderamente la marca comienza a ser significativa como factor decisor en la elección , la información dura, básica , sensorial, del producto pasa a ser menos significativa y surgen con mayor importancia los factores relacionados con memorias episódicas del individuo vinculadas emocionalmente con el comprador.

Estas memorias episódicas son, como su nombre lo indica, episodios de la vida individual, personal de las personas que por algún motivo están relacionadas a la marca o producto.

En estos casos la actividad del cerebro se produce en buena medida por una activación del hipocampo y el cortex dorsolateral prefrontal. Estos resultados sugieren que existe un proceso o función independiente que, por un lado se basa en información sensorial y por el otro en información más cultural, social derivada de acciones comunicacionales y posicionamiento de las marcas.

A modo de síntesis y con el objetivo de estimular a los lectores a que sigan pensando y repensando los conceptos y estrategias aprendidos para adecuarlos a la nueva era que se ha iniciado con el desarrollo de aplicaciones de las neurociencias quisiera anticipar que el concepto mismo de producto o de servicio ha cambiado.

Tanto el producto como el servicio son en definitiva un constructo mental , eminentemente virtual y simbólico, que se construye en la mente de cada individuo. Es interesante analizar que este constructo mental se desarrolla en forma fuertemente asociado a las memorias personales episódicas de cada persona. Es como que se entremezcla profundamente con las experiencias personales de las personas y termina confundiéndose con ellas. De tal manera que cuando una persona es estimulada sensorialmente en algún sentido provoca en su mente una recordación personal que trae asociadamente un producto. Cuando una persona es estimulada por una circunstancia personal también asocia en su mente la marca que está asociada con ella. [8]

Más el Neuromarketing no solamente es una herramienta que da conocimiento sobre cómo se comporta el cerebro humano, como procesa la información y como el mapa mental afecta las decisiones de compra debido a las subjetividad humana, sino que también da la posibilidad de crear estrategias para los bienes o servicios ofrecidos, por ejemplo, la agencia canadiense Juniper Park y Frito Lay le pidieron a cien mujeres que escribieran durante dos semanas en un diario, descubriendo que las mujeres sienten culpa cuando pican entre horas, o cuando no ven durante mucho tiempo a sus hijos, o no comparten tiempo con sus esposos. La agencia concluyó que "el centro de las comunicaciones de la mente de las mujeres estaba más desarrollado que el de los hombres, por lo que están más capacitadas para procesar anuncios de más complejidad y con más piezas de información. El hipocampo, el centro de memoria y emocional, era proporcionalmente mayor en las mujeres, según el estudio, por lo que las mujeres podrían buscar personajes con los que identificarse". Parecía que las mujeres no se identificaban con los productos de Frito Lay, pues ellas quieren que les recuerden comiendo algo que es bueno, y su cerebro no relaciona a Frito Lay con comida saludable.

Decidieron, entonces, sacar esta sensación de culpa de las mujeres y diseñaron la campaña Only in a Woman`s World , que consistió en hacer nuevos empaques en los que se mostraran los ingredientes saludables de los snacks, spot teasers, televisión, prensa e internet, en donde hay una serie de "webisodios" llamados "Only in a Woman's World" que se colgarán en www.awomansworld.com, en donde cuatro mujeres hablan de un estilo de vida saludable en un tono bastante parecido al de "Sex and the City". [9]

Como se observa en el caso anterior, se pueden crear estrategias muy puntuales y para nichos específicos, al hacer estudios de neuromarketing y descubrir los puntos más sensibles y emocionales del consumidor para así enfocar nuestros esfuerzos en tareas que al final realmente nos den resultados positivos.

Otra compañía que ha utilizado el Neuromarketing es Sony, específicamente en su producto Sony Bravia. Para conocer más en profundidad sobre este tema se tomará como referencia el siguiente artículo:

4.6.3. CASO 3: Sony Bravia y el neuromarketing

Publicado por Sergio Monge

Hasta que hace poco han cambiado de estrategia (mandando el Color like no other a freír espárragos), la gente de Sony Bravia ha presentado un posicionamiento claro centrado en el color de sus televisores. Los anuncios de Sony Bravia salieron varias veces durante la conferencia de Neuromarketing en Cracovia del 5 al 7 de Febrero de 2010. Estos dos spots parecen tener un planteamiento muy similar en cuanto a lo que comunican. El primero utiliza explosiones de color y una música grandilocuente.

El segundo utiliza más de 25.000 pelotas de colores cayendo por las calles de San Francisco y ha sido muy comentado por todos.

El posicionamiento y el mensaje son el mismo pero las reacciones neurológicas de las personas estudiadas no. Mientras que el primer anuncio, con sus explosiones y su música, genera emociones negativas en los espectadores cuando se presenta el producto en el bodegón final, el segundo anuncio tiene un efecto emocional muy positivo, tanto en el momento en el que aparece el beneficio fundamental (color) como en el que aparece el producto.

De acuerdo al estudio, uno de los elementos que más influye en la reacción emocional es la música de ambos spots. Mientras que el segundo spot la música parece muy apropiada y sin ella el anuncio pierde la capacidad para emocionar, la música del primero casi parece que genera un efecto negativo sobre las imágenes. ¿Demasiada violencia? ¿Tintes militares? Difícil de saber pero lo cierto es que la reacción de los entrevistados mejora a eliminar la música en el primer anuncio.

Pero hay un dato más. Un dato realmente sorprendente. Un solo plano de Balls (sí, el anuncio de las pelotas) tiene un efecto abrumador sobre la implicación emocional del espectador. Estoy hablando del plano en el que aparece la rana saltando a cámara lenta entre las pelotas. ¿Os habíais fijado? Echad un nuevo vistazo al anuncio. Se demostró que la reacción ante el producto y el beneficio principal era completamente diferente si se mantenía el plano que si eliminaba. No sé si es que Dios está en los detalles pero desde luego el realizador del anuncio se lució introduciendo ese plano. Pequeñas diferencias en un spot pueden generar enormes diferencias en la implicación emocional de los espectadores. [5]

Esta es una muestra de cómo el neuromarketing puede enfocar mucho mejor los esfuerzos publicitarios, para realmente no malgastar esfuerzos y recursos, los cuales pueden estar invertidos en otras unidades estratégicas o simplemente haciendo más rentable a la organización.

El Neuromarketing nos solo se enfoca al posicionamiento de marca, las estrategias de promoción y publicidad. También es aplicado al desarrollo del empaque, característica que impacta directamente a la P de Producto. Para ejemplificar esto, encontramos el siguiente caso:

4.6.4.   CASO 4: Aplicando el Neuromarketing al packaging

La combinación de durabilidad y nociones de las tipologías límbicas del neuromarketing aplicadas al packaging constituye una estrategia con muchas garantías de éxito. El fabricante de chicles Wrigley aplicó estas nociones en el envoltorio de su producto 5 Gum y logró apelar a los sentidos y la emoción.

Según explica la agencia BBDO, responsable de la campaña de 5 Gum, el concepto del packaging no se centró en los beneficios del producto, como cuidado de los dientes o frescor, sino en el factor estilo de vida de esta marca innovadora y con estilo. 5 Gum está diseñada para jóvenes adultos que quieren experimentar sensaciones y están dispuestos a pagar por ellas.

Centrarse en el target y diseñar el envoltorio a medida de este target es un planteamiento límbico, tal y como lo describe el doctor Hans-George Häusel, especialista de Gruppe Nymphenburg Brand & Retail Experts, al presentar el caso.

Un estudio realizado por el especialista en packaging Pro Carton y la editorial especializada Gruppe Nymphenburg muestra los distintos efectos emocionales o sensoriales que puede tener un envoltorio, cómo distintos tipos de personas (desde el punto de vista límbico) pre eren distintos tipos de paquetes, cómo diferenciar los efectos de los distintos diseños y las posibles preferencias que puede tener cada público objetivo respecto a un tipo u otro de packaging.

El estudio Verpacken Sie Limbisch! (Diseñar el packaging siguiendo el enfoque límbico) analiza las reacciones de distintos tipos de personas según el sistema límbico y sus reacciones ante distintos tipos de paquetes o envoltorios. Algunas formas de embalaje, según este estudio, gustan a todos los públicos, más allá de los rasgos de su sistema límbico. El estudio establece 10 principios a seguir en la práctica del diseño de embalajes.

    a) Basarse en el público objetivo: Para adaptar la estrategia de marketing al sistema límbico, no se empieza por el producto, sino por sus potenciales consumidores. Decisiones como a quién debe dirigirse la promoción y para quién se diseña y se embala deben tomarse desde el punto de vista de la tipología límbica. A continuación se procede al ajuste: establecer los compas de emoción y motivación que deben regir la comunicación de marketing.

    b) Comunicar de forma clara y concreta: Para el "éxito límbico" de productos y campañas hay que comunicar de forma clara a qué dimensión o constelación emocional se está apelando. Esto comunica identidad y envía las señales adecuadas al sistema límbico. Cuanto más clara e inequívoca sea la comunicación, con más eficacia se estimularán lo campos emocionales y motivacionales.

    c) Reducir y concentrar: No hay que intentar cubrirlo todo. Los embalajes con más éxito son los que apelan a pocas emociones y posiciones motivacionales.

    d) Aprovechar el potencial de la forma: Cuando se quiere apelar a un target masculino, tradicional, de mucha edad o disciplinado, un embalaje rectangular es ideal. Pero para otros públicos objetivo, hay otras formas con más fuerza de convicción. Hay que aprovechar el potencial de los diseños novedosos.

    e) Aprovechar las propiedades del material de forma creativa: No todo es forma y color. Hay que tratar de apelar a todos los sentidos, incluido el olfato.

    f) Expresar emociones y motivaciones en el material: El cartón puede expresar naturalidad si no se trata en exceso o si se visibiliza su condición. Pero también puede expresar, con distintos tratamientos, "rebelión", "precisión", "poesía", "variedad", "funcionalidad", "sensualidad" o "ascetismo".

g) Enviar señales con mucho sentido: El sistema límbico procesa estímulos externos de todo tipo. Por eso es muy sensato comunicar de forma multisensorial y tratando de actuar en el máximo de canales sensoriales. Pero también hay que tener en cuenta la manejabilidad y el uso que se hará del embalaje en el hogar.

h) Contribuir a la percepción de la marca: Si la simpatía por la marca es muy grande, esta emoción domina sobre el resto y es capaz de activar de forma automática el deseo de compra. La imagen impulsa los sentimientos y aumenta el grado de conocimiento de la marca. El empaquetado es el soporte más importante para la marca en el punto de venta y proporciona imagen y familiaridad.

i) Tener más en cuenta sexo y edad: El embalaje no solo apela a distintas personas en función de su tipología límbica, también cambia su percepción en función de la edad y sexo de las personas. Los más mayores dan más importancia a la información que ofrece, por ejemplo.

j) Integrar los soportes de comunicación: Para que la comunicación de marketing ejerza el máximo efecto es recomendable relacionar todas las campañas y acciones entre sí, desde el diseño al texto. [10]

Otro caso éxito de uso adecuado del Neuromarketing, no solamente de forma implícita, sino también de forma explícita es el logrado por Henkel:

4.6.5. CASO 5: Henkel mejora sus ventas con el Neuromarketing

Henkel Cosmetics ha aplicado el neuromarketing para posicionar en el mercado su producto Taft, de Schwarzkopf. Tina Müller, vicepresidenta corporativa senior de Henkel, explica el caso en una ponencia impartida en el último congreso de neuromarketing, Neuromarketingkongress 2009, celebrado por las editoriales especializadas Haufe y Gruppe Nymphenburg.

La laca Taft es un producto de cosmética para el cabello de la marca Schwarzkopf. Taft se posiciona como una marca de venta en comercios, adecuada para la belleza del cabello y el mantenimiento del peinado tanto en el ámbito profesional como en el hogar. Taft ha sido líder durante 2008, con un 14,3 % de cuota de mercado, gracias a las innovaciones introducidas tras realizar un estudio de neuromarketing del producto. Taft se enfrenta a una fuerte competencia ante las lacas de L`Oréal, Wella y Nivea.

Los estudios de mercado realizados por Henkel en 2006 demostraban que Taft estaba experimentando cambios en sus valores: perdía valor en el segmento fijación del peinado, y ganaba en los segmentos flexibilidad, brillo y volumen. Además, contaba con tres líneas de producto de potencial limitado, que se inscribirían en los segmentos de mercado ocupados por la competencia.

Ante estas fluctuaciones, Henkel ha aplicado el modelo límbico del neuromarketing para averiguar cuáles son los motivos que impulsan a la compra en la categoría de cosmética del cabello; cuál es el posicionamiento de Taft frente a sus competidores y en qué dirección debería evolucionar Taft. A partir de los hallazgos obtenidos en 2006, durante el año 2007 la marca realizó una serie de modificaciones y relanzamientos de sus productos, que han llevado a Taft a ampliar su cuota de mercado.

- Motivaciones del cuidado capilar

    El análisis de las motivaciones encuentra que el cuidado del cabello cuenta con elementos en los tres ejes de motivación. La elección de un estilo constituye un vehículo de expresión personal del look al que se aspira, con sus valores y expectativas respecto al tipo de belleza que se quiere alcanzar. El mapa límbico de Taft sitúa la marca entre los ejes de dominancia y equilibrio. Es un mapa amplio y perfilado. Su perfil límbico se centra en el beneficio central fijado. Otro hallazgo del análisis límbico es que las innovaciones introducidas en el producto más allá de su atributo esencial tienen un potencial limitado. Además, el análisis límbico demuestra que la comunicación del producto debería ser más polifacética.

- Aplicación en los productos

    A partir del análisis límbico, se observa que el volumen (atractivo) es un atributo central para esta gama de productos, que apela a todas las motivaciones. Así que en 2007, Taft relanza su línea de productos con efecto volumen. Otras necesidades detectadas son la flexibilidad y suavidad, entre el estímulo y el equilibrio, y la fijación duradera, entre la dominancia y el equilibrio. Respondiendo a estos hallazgos, en 2008 se relanza la línea Power, que garantiza una buena fijación al tiempo que da suavidad al cabello.

    Por otra parte, se aplicaron estos hallazgos a la comunicación de Taft que, de mostrar un perfil de mujer eminentemente profesional pasa a dirigirse a mujeres polifacéticas. Las acciones de comunicación tomaron como embajadora de la marca a la modelo Heidi Klum. Los resultados de la aplicación de los hallazgos del neuromarketing son visibles: en el segmento volumen, la identificación del atributo con el producto aumentó un 53,2 % entre 2006 y 2007. En el segmento fuerza de fijación, aumentó un 63,5 % entre 2007 y 2008. Además, la cuota de mercado aumenta a un ritmo superior al de años anteriores y se sitúa en un 26,2 % en Alemania (24,1 % en 2005). [11]

Como se puede observar, son muchos los casos que ponen en evidencia el éxito que se puede lograr con el uso adecuado y ético del neuromarketing, dentro de un marco de respeto hacia el consumidor.

El Neuromarketing es una herramienta versátil, que puede ser utilizado y aplicada dentro de la estrategia y los objetivos que cada organización se plante, del enfoque y la fortaleza que se quiera desarrollar o de los campos que se quieran explorar, permitiendo así un infinito número de posibilidades y la inexistente alternativa de recetas para el marketing.

Finalmente, y para destacar, estas son algunas de las muchas investigaciones y aplicaciones que se vienen realizando en torno al neuromarketing (son pocas las referenciadas, pues normalmente estas investigaciones son confidenciales tanto por la información que se puede obtener como por las repercusiones que esto puede generar dentro del ámbitos académicos y empresarial). [6]

- Microsoft está utilizando el EEG para comprender las interacciones de los usuarios con los ordenadores, incluyendo sentimientos de sorpresa, satisfacción y frustración.
- Google levantó algún revuelo cuando destapó un acuerdo con MediaVest para realizar un estudio biométrico que midiera la efectividad de las sobreimpresiones de anuncios en videos de Youtube en comparación con el mecanismo de colocar el anuncio antes del video. Las sobreimpresiones fueron mucho más efectivas como se puede comprobar por la publicidad actual de YouTube.
- Daimler utilizó investigación mediante fMRI para obtener información que pudiera utilizarse en una campaña que utilizaba los faros de coches para sugerir caras humanas, lo que al parecer activaba los centros de recompensa del cerebro.
- The Weather Channel utilizó técnicas de EEG, seguimiento ocular y respuesta galvánica de la piel para medir las reacciones de los espectadores a tres avances publicitarios de una popular serie de televisión.

4.6.6. CASO 6: Decisión de compra

Un equipo de científicos expertos en neuroeconomía y neuromarketing descubrió que se podía predecir si un consumidor iba a realizar una compra o no mediante un escáner cerebral.[6]Los resultados fueron publicados en el estudio Neural Predictors of Purchase para la revista Neuron. El principal hallazgo de dicho estudio es que los consumidores, en el momento de decidir una compra, deciden entre el placer o el dolor inmediatos. Hecho que explica por qué los medios de pago que minimizan el displacer o el dolor instantáneo, como las tarjetas de crédito, mejoran la disposición a la compra. Los autores de la investigación; de la Carnegie Mellon University, Stanford University y MIT Sloan School of Management, dieron 20 dólares a cada uno de los 26 participantes, los cuales tenían que decidir en que se gastaban ese dinero.

A continuación se mostraba a los individuos una serie de imágenes de productos y sus respectivos precios, mientras se registraba la actividad cerebral, que experimentaban los diferentes participantes, en tres zonas concretas del cerebro: el núcleo accumbens (asociado a la anticipación del placer y la recompensa), la corteza media prefrontal (que participa en el balance de pérdidas y ganancias y se encarga de tomar las decisiones) y la ínsula o corteza insular (zona del cerebro que registra el nivel de dolor).

Cuando se mostraba a los individuos un producto que les atraía, se activaba el centro cerebral del placer. A continuación cuando se les revelaba el precio se daban

---

[6] Artículo Placer o dolor, motores del impulso de compra MARKETING DIRECTO 06 junio 2008 www.marketingdirecto.com

dos tipos de reacciones: si el precio era más bajo de lo que estaban dispuestos a pagar, la corteza media prefrontal, que se encarga de las decisiones, reflejaba un alto nivel de actividad. En cambio, si el precio era más alto de lo que el consumidor pensaba pagar, la reacción cerebral era otra: la corteza media prefrontal permanecía casi inactiva, mientras que la ínsula, descriptora del dolor, mostraba unos niveles de actividad muy elevados.

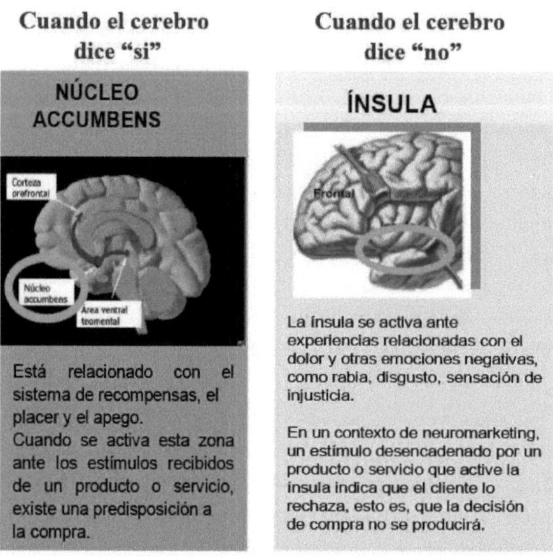

Figura 4.3: Decisión de compra del consumidor

Los resultados, comparándolos entre los diferentes participantes, permitieron establecer unos parámetros en los que incluir la predicción de la decisión de compra. Es decir, cuando los participantes debían decidir si compraban o no algo de lo que se les había ofrecido, se predecía su comportamiento mediante una pauta de actuación establecida a priori y basada en las reacciones cerebrales. Si la ínsula había reflejado una activación muy elevada se podía predecir que no acabaría comprando ese producto y, por el contrario, si se observaba más actividad en la corteza media prefrontal significaba que ese consumidor sí que llevaría a cabo la acción de la compra. Tras el estudio se comprobó que casi en el 100 % de los casos la predicción era correcta.

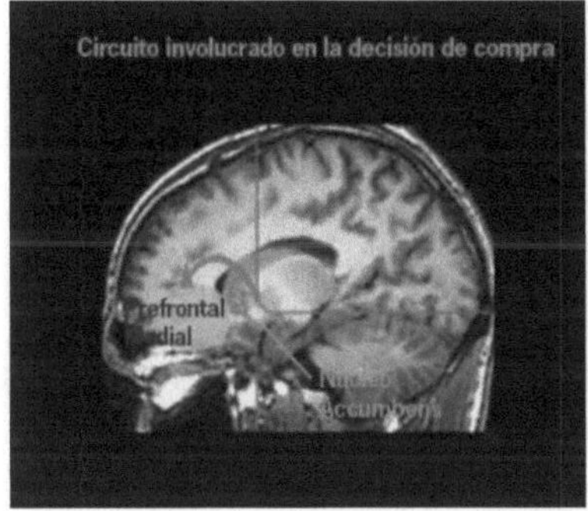

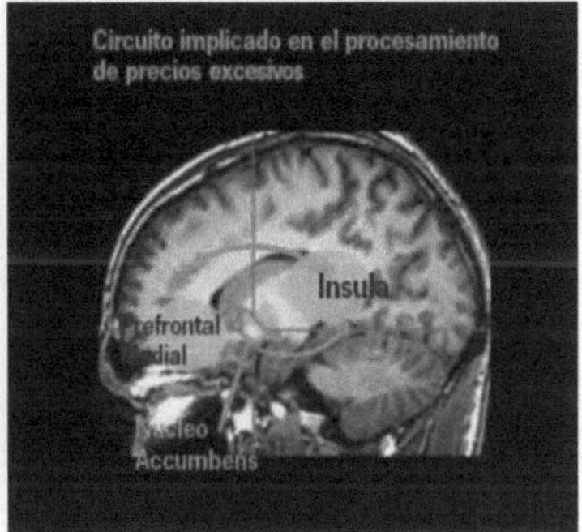

Figura 4.4: Decisión de compra-precio

4.6.7. CASO 7: Las decisiones metaconscientes del consumidor: cómo se investigan en neuromarketing

El marketing tradicional siempre ha argumentado que, cuanto mayor es el riesgo percibido, más complejo es el proceso para decidir qué producto compramos. Esta afirmación podría llevarnos a razonar que, si tenemos que resolver la compra de un piso o de un automóvil, lo ideal será dedicarle más tiempo al pensamiento consciente para no tomar impulsivamente una decisión de la cual podamos arrepentirnos en el futuro.

Sin embargo, y tal como lo han demostrado numerosas investigaciones, entre ellas, las de Daniel Kanemann[7], prácticamente no existen las compras racionales aun cuando nos esforcemos por dejar de lado nuestras emociones porque pensamos que ellas afectan la claridad de nuestros pensamientos.

> Daniel Kahneman demostró que las decisiones de los consumidores varían por motivos no estrictamente racionales. Si aplicamos los resultados de sus investigaciones mediante una estrategia de neuromarketing bien diseñada, tenemos altas probabilidades de influir para que una persona elija nuestro producto y excluya otros que satisfacen una misma necesidad.

Para otorgarle mayores fundamentos a estas afirmaciones, analicemos los resultados de un experimento realizado por la Universidad de Amsterdam, en Holanda.

---

[7] Daniel Kahneman obtuvo el premio Nobel por haber integrado los avances de la investigación psicológica con la ciencia económica, especialmente en lo que se refiere al juicio humano y a la toma de decisiones bajo condiciones de incertidumbre.

EL EXPERIMENTO DE LA UNIVERSIDAD DE AMSTERDAM

Un grupo de científicos de la Universidad de Amsterdam (Holanda) estudió el comportamiento de dos grupos de personas con el objetivo de veri car cómo funcionaba el principio de tomar una "decisión sin atención".

- El grupo 1 tuvo cuatro minutos para elegir un automóvil a partir de una lista con distintos atributos, incluyendo el consumo de combustible y el espacio para las piernas.

- El grupo 2 estuvo resolviendo crucigramas para mantener su mente ocupada antes de tomar la decisión.

Los resultados obtenidos fueron los siguientes:

- el 55% por ciento de las personas del grupo 1, denominado consciente , seleccionó el mejor auto basándose en cuatro aspectos,
- mientras que sólo el 40% por ciento del grupo 2, denominado inconsciente, eligió la opción correcta.

Sin embargo, cuando el experimento fue llevado a un nivel más complejo, utilizando 12 características del automóvil, el porcentaje de éxito del grupo conciente cayó al 23%, mientras que el 60% del grupo que tomó una decisión que los científicos denominaron no consciente eligió el mejor coche.

*Fuente: Science, Vol. 311. no. 5763, p. 935.

Figura 4.5: Automóviles

En opinión de los investigadores, el hecho de que sea la percepción no consciente la que decide las compras más importantes se comprende mejor si tenemos presente que los seres humanos sólo pueden emplazar en su mente consciente una limitada cantidad de información. Veamos nosotros cuáles son estas diferencias:

- La percepción metaconsciente (que en parte de la bibliografía especializada puede leerse como no consciente, inconsciente o subliminal) es un fenómeno sensorial mediante el cual captamos gran cantidad de información procedente del entorno en forma simultánea sin que seamos conscientes de este proceso, por ejemplo, los estímulos que recibimos a través de los cinco sentidos cuando entramos en un centro comercial o un supermercado.

- La percepción consciente, en cambio, sólo puede atender un máximo de siete, más o menos dos, variables o ítems de información simultáneamente. Esta información puede ser de diferentes extensiones y referirse a cualquier cosa, por ejemplo, escuchar lo que nos dice el vendedor del automóvil sobre la fecha de entrega, tocar la textura del cuero que cubre los asientos para veri car su resistencia o focalizar la atención en los detalles ergonómicos del asiento del conductor.

Posiblemente a estas dos modalidades se deba el hecho de que el cerebro consciente se utiliza para tomar decisiones simples, como comprar toallas o champú (términos de los científicos de la universidad de Amsterdam) y el metaconsciente cuando la decisión es compleja, por ejemplo, cuando decidimos comprar un coche.

Para corroborar esta afirmación, se realizó un segundo estudio sobre el nivel de satisfacción de un grupo de consumidores que habían adquirido accesorios para la cocina y vestimenta, que fueron interrogados sobre sus opciones de compra de productos más complejos.

Figura 4.6

Los resultados demostraron que los clientes que tomaron decisiones denominadas conscientes se mostraron más satisfechos con la compra de productos simples y menos satisfechos con los muebles y otros productos considerados más importantes. Estos casos son muy útiles para ayudarnos a comprender que el ser racional del que habla la economía clásica (que calcula costes y benefcios y elige acertadamente en función de la utilidad esperada) parece estar lejos de la realidad y ello se debe, fundamentalmente, a que son los registros metaconcientes los que mayor influencia tienen en la decisión de compra.

4.6.8. CASO 8: Neuromarketing en el punto de ventas: la importancia de conocer el funcionamiento de los sistemas de memoria

Si bien el conocimiento sobre cómo funcionan los sistemas de memoria es de enorme importancia en todas las variables del mix de marketing (basta con pensar en la obsesión de los anunciantes por la recordación para tener una idea), en este apartado nos concentraremos en sus aplicaciones en el ámbito de la venta minorista.

Para comenzar, imaginemos lo que ocurre durante nuestra permanencia en un local: a medida que lo recorremos, vamos incorporando infinidad de estímulos sin realizar ningún tipo de esfuerzo de retención.

Figura 4.7: Usuario en el punto de venta

Excepto que nos detengamos a apuntar algo en un papel, como el precio de un conjunto de productos que nos proponemos comparar con los de otra cadena, la información pasa a nuestros almacenes de memoria como un proceso natural que registra, tanto en forma consciente como metaconsciente, todos los datos que alcanzan un determinado umbral de significación.

De este modo, los elementos de diseño, el pack de los productos, el rostro de la cajera, la amabilidad de un encargado, los sonidos de la música de fondo, el aroma, las ofertas especiales, en definitiva, una infinidad de información va ingresando a nuestro almacén de recuerdos junto a la experiencia que estamos viviendo y las emociones que vamos experimentando.

Por ejemplo, Burger King incorporó para sus locales un odotipo[8] que emana un leve aroma a carne a la parrilla, una estrategia muy acertada, por cierto, ya que los olores, además de influir en la experiencia de compra, tienen un rol decisivo en la fijación de los recuerdos sobre la marca (en el momento en que se escribe esta obra las

---

[8] Los odotipos son aromas que se eligen luego de realizar investigaciones exhaustivas debido a las dificultades para cambiarlos, ya que pasan a formar parte del sistema de identidad de una marca.

empresas más importantes están desarrollando su propio aroma corporativo).

Sin embargo, y más allá de que el olfato es uno de los sentidos que más influencia tiene en la fijación de los recuerdos, además del aroma, deben incorporarse múltiples entradas sensoriales (vista, tacto, oído, gusto) que doten de significados positivos a la experiencia del cliente y la conviertan en un acto vivencial que potencie los procesos de fijación de los recuerdos, ya que a través de los sentidos se pueden fijar emociones e imágenes mentales en la memoria, creando una asociación directa con la marca.

La gráfica siguiente sintetiza los principales tipos de memoria que estudia el neuromarketing en el ámbito de la venta minorista:

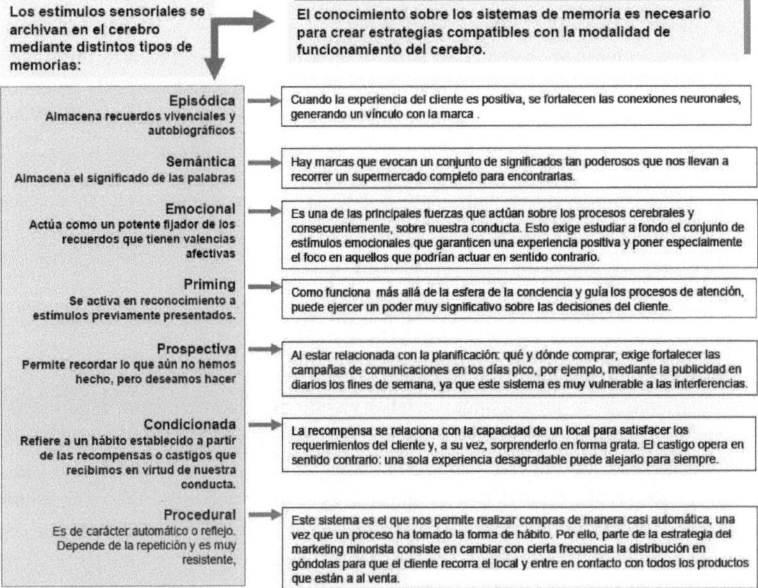

Figura 4.8: Sistemas de memoria. Neuromarketing aplicado a la venta minorista

Cabe destacar que el sistema atencional, del cual depende significativamente la memoria, tiene asiento anatómico en la corteza prefrontal del cerebro y se encuentra conectado con estructuras del sistema límbico, responsables de la motivación y el procesamiento de las emociones.

Estos conocimientos tomados de las neurociencias explican por qué es tan importante lograr que un punto de venta se convierta en una especie de contexto emocional. Sin duda, la información relacionada con la marca de la cadena se alojará con mayor facilidad en la memoria de largo plazo cuando existan componentes afectivos, logrando de este modo que el cliente la evoque rápidamente cuando tenga que elegir el lugar donde comprar.

4.7. EMPRESAS DEL MUNDO DEL NEUROMARKETING

No hay muchos actores en esta industria emergente. Menos de una docena de empresas son los actores significativos.

4.7.1. LABoratory & Co.

Empresa polaca de neuromarketing afincada en Varsovia (Polonia). Actualmente tienen unos 80 empleados y están creciendo rápidamente.

LAB desarrolla investigaciones de neuromarketing con técnicas de creación propia. Son los creadores de la tecnología Neuro-Trace[9], que está basada fundamentalmente en el EEG, la SCR y la electromiografía.

La tecnología se sistematizó para su aplicación comercial entre otoño de 2006 y otoño de 2007 a partir de estudios anteriores. Desde entonces, LAB ha conducido 6 estudios mensuales en distintos mercados e iniciado numerosos proyectos de investigación propia. Neuro-Trace mide tres conceptos en los sujetos:

- Reacciones emocionales ante el anuncio, sistematizadas en un índice positivo-negativo.

- Atención (baja, media, alta)

- Activación (arousal), que puede ser positiva (acercamiento) o negativa (evasión).

Su sistema de visualización incluye una línea temporal en la que puede visualizarse el fotograma exacto que los sujetos estaban viendo en cada momento. Una líneas sube y baja marcando las reacciones y cada bloque de varios segundos tiene . Los puntos de especial reacción positiva (azul) o negativa (rojo) están marcados con un símbolo en forma de ave. El fundador de la empresa es el profesor de psicología y emprendedor polaco Rafal Ohme. Su director científico se llama Dawid Wiener. Son los organizadores de la conferencia Neuro Connections 2009. Manifestaron su deseo de celebrar dicha conferencia anualmente en distintos países del mundo a partir de esta primera edición internacional.

4.7.2. Neurosense Ltd.

Neurosense es una consultora de neuromarketing afincada en Oxford. Neurosense cuenta con profesionales del ámbito de la psicología, el marketing y las neurociencias cognitivas.

Neurosense utiliza fMRI y MEG para sus análisis, así como distintas técnicas de investigación de marketing convencionales para ofrecer pistas a sus clientes sobre como alcanzar mejor sus mercados y sobre cómo piensa sus consumidores. Neurosense está dirigida por la profesora Gemma.

---

[9] http://www.testdi erent.com/index.php?page=nutshell&lang=en

4.7.3. TNS Magasin

Consultora afincada en Reino Unido que investiga los comportamientos de compra del consumidor. Está añadiendo test y sistemas de medición basados en las neurociencias a su repertorio.

4.7.4. iMotions

iMotions es una empresa danesa que desarrolla software de seguimiento ocular. Al contrario que otras compañías similares, iMotions se centra en la medición de los componentes emocionales de la mirada (parpadeo, dilatación de pupila…). El objetivo de su software no es (sólo) saber dónde se posa la mirada sino cual es la cualidad de la reacción (positiva, negativa o neutral)

4.7.5. Neuroconsult

Empresa austriaca con sede en Viena que funciona como consultora de neuromarketing. Neuroconsult ha desarrollado una técnica de medición de emociones denominada Emoscope. Entre su oferta de servicios incluye la consultoría de neuromarketing enfocada a la medición de emociones, al diseño de nuevos productos, estudios neurocientíficos (tanto clínicos como básicos) y análisis de la respuesta fisiológica a la estética. Neuroconsult está liderada científicamente por el profesor Meter Walla.

4.7.6. Neuro Insight

Empresa australiana de neuromarketing con base en Melbourne que lleva desde 2005 trabajando en investigación de mercados.

Neuro Insight utiliza una tecnología propia basada en Steady State Topography, que es esencialmente una evolución de la EEG. El procedimiento incluye que el sujeto se coloque un casco con visor que mostrará el estímulo (en el visor) y recogerá la información pertinente vía electrodos (en el casco).

Los conceptos que mide la tecnología de Neuro Insight son:

- Atención (concentración, esfuerzo mental).

- Memoria (como de fuertemente se registran los estímulos en la memoria).

- Implicación (sentido de relevancia personal e implicación de la experiencia).

- Emoción.

Existe cierta controversia sobre si las técnicas de Neuro Insight pueden predecir realmente la memorización. De hacerlo, sería realmente interesante para el campo del neuromarketing puesto que la memoria es uno de los aspectos más importantes en la publicidad. Si no se recuerda (el anuncio, la marca, etc.), no puede influir sobre la compra.

La tecnología fue desarrollada por el profesor Richard Silberstein[10] de la universidad de Swinburne y actual director de Neuro Insights, en colaboración con Geofrey Nield, David Simpson y Heather Andrew.

4.7.7. Sands Research

Empresa de producción de hardware y software EEG con sede en El Paso, Texas (EE.UU.). Desarrollaron la tecnología NeuroScan, que ha sido responsable de la mayor parte de la investigación académica con estas técnicas en los últimos 15 años.

En sus estudios utilizan sistemas de EEG y seguimiento ocular móviles. Algunos de los indicadores que miden las técnicas de investigación de Sands Research:

- Nivel de atención

- Enfoque visual

- Información recordada

- Información de procesamiento cognitivo en tiempo real.

- Flujo de información

- Profundidad del procesamiento

- Memoria a corto y a largo plazo

Los fundadores de Sand Research, el Dr. Stephen Sands y Ron Wright, crearon la empresa en 1989.

4.7.8. Em Sense

EmSense es una de las compañías líderes en aplicación de las neurociencias a la investigación de mercados. Tiene su sede en San Francisco (EE.UU.). Compuesta por un spin-o de 7 científicos (graduados) del MIT, EmSense ha desarrollado técnicas de medición (similares a Neuro-Trace) que combinan el uso de EEG con otras mediciones biométricas para ofrecer a sus clientes una compresión más profunda del inconsciente de sus consumidores.

Emsense ha diseñado EmGear, un casco ligero con tecnología EEG no invasiva para utilizar en estudios neurocientíficos.

Los tres conceptos que mide, por ejemplo, la tecnología que utiliza EmSense para la investigación en política son:

---

[10] http://www.neuro-insight.com.au/who/r_silberstein/

- Agrado Una medida de las emociones positivas hacia lo que están viendo y oyendo.

- Pensamiento Una medida del esfuerzo cognitivo que se está utilizando en cada momento para procesar lo que se está percibiendo.

- Adrenalina Una medida de la activación (arousal) o relajación de los sujetos basada en los latidos del corazón.

Em Sense ha trabajado para Coca-Cola11   ayudando a decidir qué anuncios se insertarían durante la SuperBowl, así como ofreciendo insights para modificarlos y hacerlos más efectivos.

4.7.9. Olson Zaltman Associates

Consultora de Investigación que se ha especializado en el subconsciente.

Utilizan técnicas de diversos tipos (no necesariamente neurocientíficas) y son especialmente reconocidos por la Técnica de Elicitación de metáfora de Zaltman (Zaltman Metaphor Elicitation Technique, ZMET). Su metodología de investigación va más allá de los pensamientos conscientes de los sujetos de esta, justo como el neuromarketing.

OZA ha utilizado sus técnicas de investigación del subconsciente con objetivos como:

- Encontrar un nuevo posicionamiento único para una nueva marca de vodka.

- Averiguar cómo se sienten los ingenieros con respecto a los proveedores de aparatos eléctricos seleccionados.

- Mejorar la experiencia del cliente en una cadena de comida rápida.

- Determinar que conceptos tienen mayor importancia para una marca global.

- Descubrir las motivaciones e inhibiciones para utilizar aparatos que ayudan a la audición.

- Evaluar el impacto de un producto radicalmente nuevo entre gerentes de empresas de tecnología de la información.

4.7.10. NeuroFocus

NeuroFocus es una empresa norteamericana que aplica los últimos avances de la neurociencia a la publicidad y la generación de mensajes. Tiene sedes en Berkley, Nueva York, Hollywood, Cincinnati, Tokio, Israel y Londres, entre otras.

Las técnicas de NeuroFocus miden la atención, la implicación emocional y la memoria. Entre otras, se han utilizado en la industria de los videojuegos.

---

[11] http://www.adweek.com/news/television/mind-over-matter-94955?

NeuroFocus ha sido comprada recientemente por Nielsen, lo que hace intuir el interés que tienen las grandes empresas de investigación por el neuromarketing.

El fundador de Neurofocus es el Dr. A.K. Pradeep.

4.7.11. Buyology

Buyology Inc es una consultora de marca norteamericana fundada por el futurista de marca Martin Lindstrom, que recientemente ha publicado un libro titulado también Buyology.

Buyology declara que su finalidad es medir y gestionar las decisiones inconscientes de manera rigurosa, con los objetivos de mejorar las ventas, elevar los márgenes y aumentar la eficacia de las marcas.

No tienen tecnología propia de neuromarketing, sino que utilizan la tecnología de LAB (Polonia).

5 NEUROPSICOLOGÍA

La neuropsicología es una de las disciplinas de la neurociencia que estudia la relación entre el cerebro y las funciones cerebrales. El objetivo de este capítulo es ofrecer una revisión actualizada del campo de estudio de la neuropsicología, que nos permita, a su vez, describir las principales aportaciones de las técnicas de registro y de estimulación corticales al conocimiento de los mecanismos cerebrales de las emociones y conductas humanas. La aplicación de los avances tecnológicos en la investigación de la neurobiología de las funciones cerebrales está permitiendo confirmar múltiples procesos y mecanismos cerebrales ya propuestos desde hace años. Aún más, la conjunción de varias técnicas de investigación desarrolladas en los últimos años ha hecho posible conocer detalles de nuestro cerebro desconocidos hasta ahora. Cabe esperar que estas y nuevas herramientas ayuden en el futuro a entender la complejidad que rige el funcionamiento del cerebro humano, preservado o dañado, patológico o sano. Una revisión de las aportaciones de las técnicas de registro y de estimulación corticales a la neurociencia puede ayudarnos a conocer cómo se organizan los sustratos cerebrales para producir nuestras emociones, nuestros procesos cognitivos y comportamientos no alterados, o cuando éstos presentan algún tipo de alteración.

5.1. INTRODUCCIÓN

El estudio de la relación entre el cerebro y sus funciones desde la neuropsicología ha avanzado considerablemente. El conocimiento proveniente de la práctica clínica, de las nuevas técnicas de imagen cerebral, de la investigación básica y de otras áreas de la neurociencia relacionadas con la neuropsicología ha permitido elaborar auténticos mapas cerebrales de múltiples de nuestras funciones cognitivas y emocionales. No obstante, queda mucho por aprender sobre cómo se integra y se elabora en el cerebro la gran cantidad de respuestas que éste nos permite. Con el n de ayudar a entender esta relación entre el cerebro y sus funciones, este capítulo ofrece una revisión sobre la neuropsicología como disciplina que estudia los sustratos cerebrales de nuestra conducta, nuestras emociones y nuestros procesos cognitivos. Posteriormente se describirán las aportaciones de sofisticadas herramientas de investigación, y se hará hincapié, particularmente, en las características y los parámetros de utilización de la técnica de estimulación magnética transcraneal, así como en su potencial en la investigación sobre los mecanismos cerebrales del comportamiento.

5.2. DESARROLLO

5.2.1. Neuropsicología: estudio de los sustratos cerebrales del comportamiento

La neuropsicología es una de las áreas de conocimiento que estudia la relación entre el cerebro y las funciones que dependen de éste. Por su objeto de estudio, la neuropsicología es considerada una de las disciplinas de la neurociencia, pero, a diferencia de la psicobiología, que suele emplear en su método modelos animales, la neuropsicología estudia específicamente funciones cerebrales humanas en sujetos humanos.

La historia de la neuropsicología y la búsqueda de conocimiento acerca de la relación entre el cerebro y las funciones cognitivas humanas debe mucho al trabajo y las aportaciones de numerosos investigadores. Un hito importante para la neuropsicología, la psicología, la medicina y la neuroanatomía fueron los trabajos en el siglo XIX de Paul Broca   y Carl Wernicke. Estos dos excelsos neuroanatomistas son considerados una referencia actual en el estudio de la relación entre el cerebro y la conducta. El primero de ellos estudió el cerebro post mortem de sujetos que tenían en común una alteración en la expresión del lenguaje, que él denominó afemia y que hoy día se conoce como afasia [28]. Evaluando el cerebro de estos sujetos identificó una zona de lesión común localizada en la región lateral del lóbulo frontal del hemisferio izquierdo, y que se corresponde con la tercera circunvolución frontal izquierda. Los hallazgos clínicos y la investigación posteriores conformaron esta neuropatología. La región relacionada con el habla descrita por Paul Broca se conoce actualmente como área de Broca (áreas 44 y 45 de la taxonomía de Brodmann), y el trastorno del lenguaje derivado de su lesión se denomina afasia de Broca. La segunda gran aportación teórica y neuroanatómica asumida como una referencia para la neuropsicología fueron los trabajos de Carl Wernicke. Sus estudios aportaron nuevas perspectivas en el entendimiento de los sistemas cerebrales responsables de las distintas dimensiones del lenguaje. Además, Wernicke elaboró un modelo explicativo más complejo de la neuropatología de los distintos tipos de afasias. Entre sus aportaciones clave merece destacarse la propuesta de un centro auditivo especializado en los sonidos del lenguaje, situado en la primera circunvolución del lóbulo temporal izquierdo. Las investigaciones ulteriores confirmaron que esta región está relacionada con la comprensión del lenguaje y con algunos aspectos sensoriales de su procesamiento. En honor a sus trabajos, esta zona cortical acabó denominándose área de Wernicke. A partir de las descripciones teóricas, clínicas y neuroanatómicas de ambos la neurobiología del lenguaje pasó a entenderse como un sistema formado por múltiples áreas y conexiones, en el cual la lesión en cualquiera de sus elementos podría comprometer el lenguaje en alguna de sus dimensiones.

A partir de estos antecedentes, la neuropsicología ha ido encontrando la manera de conocer los mecanismos cerebrales de nuestras funciones cognitivas, conductuales y emocionales. Los resultados de la neurocirugía, la estimulación cerebral, los daños cerebrales traumáticos y sus consecuencias funcionales, la neuroimagen y otras técnicas aplicadas a la investigación, han permitido conformar un mapa cerebral de las funciones neuropsicológicas, e incluso de la distribución anatómica de la neuropatología de algunos trastornos de la función cerebral. De este modo, además de la neurobiología del lenguaje, en la actualidad pueden identificarse algunos otros mecanismos y circuitos cerebrales funcionales. La mayor parte de los procesos neuropsicológicos depende de redes cerebrales corticales, que mantienen conexiones de entrada y salida con otras estructuras subcorticales. Los propios procesos de producción y comprensión del lenguaje pueden verse afectados, aunque en menor medida, por lesiones no corticales, principalmente talámicas, cerebelosas y de alguno de los núcleos de los ganglios de la base. Otros procesos como la atención, la memoria y las respuestas motivacionales también requieren conexiones subcorticales para su correcta expresión. No obstante lo anterior, la actividad cortical de los lóbulos sustenta la práctica totalidad de las funciones cerebrales denominadas superiores. El lóbulo frontal es, por su extensión y por el control que ejerce sobre la conducta, un área del encéfalo de especial interés para la neuropsicología. Anatómicamente se extiende desde el surco central hasta el extremo rostral. La parte más frontal de los lóbulos frontales (denominada corteza prefrontal, y que incluye todas las áreas frontales de Brodmann salvo las regiones motoras 4 y 6) presenta dos regiones cuya afectación origina dos síndromes neuropsicológicos completamente opuestos. Ambas regiones del lóbulo frontal son responsables de nuestra personalidad. En neuropsicología, un concepto más operativo de personalidad, que actualmente está teniendo un gran reconocimiento clínico y teórico, es el de funciones ejecutivas . En general se refiere a la capacidad que tiene nuestra corteza prefrontal de organizar, planificar y ordenar nuestra conducta para poder ejecutar de una manera coherente nuestros deseos y objetivos. Gracias a los avances de la neuropsicología y la neurociencia se puede predecir hoy día que la lesión en estas regiones prefrontales afecta inequívocamente a nuestras funciones ejecutivas [24].

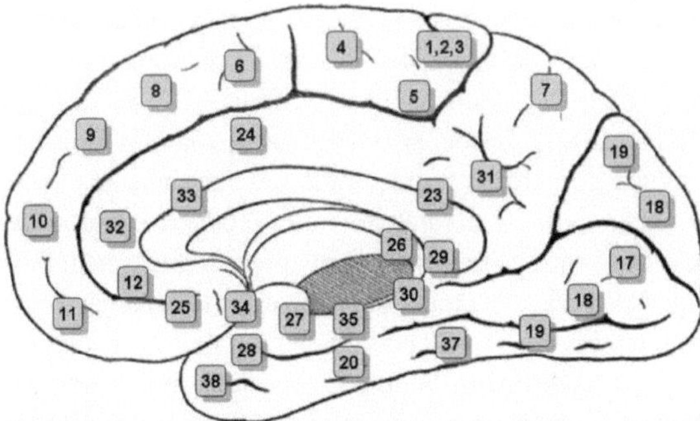

Figura 5.1: Super cie media o interna-superficial un hemisferio cerebral con sus áreas de Brodmann numeradas.

La corteza prefrontal es, además, necesaria para los diversos procesos atencionales. Sus conexiones con el cíngulo y otras áreas corticales y subcorticales conforman un sistema complejo que permite una gran variedad de aprendizajes y mecanismos atencionales. En el lóbulo frontal también se localizan las funciones de memoria de trabajo o memoria a corto plazo, y en esta región del hemisferio izquierdo se hallan, en la mayor parte de individuos, los mecanismos de producción verbal. En consecuencia, el daño cortical frontal también suele afectar a la capacidad atencional, a la expresión del lenguaje y/o a la memoria a corto plazo.

Además de todas estas funciones, en el lóbulo frontal se encuentran las áreas primarias y secundarias que controlan el movimiento del cuerpo. El área cortical anterior al surco central (área 4 de Brodmann) se denomina corteza motora primaria. En esta región cortical heterotípica (es decir, no formada por las seis capas corticales típicas) abundan células piramidales gigantes, o células de Betz, que forman la vía motora corticoespinal. Esta vía transcurre por el tálamo y decusa en una zona del bulbo raquídeo conocida como las pirámides. Desde esta región del tronco encéfalo la vía corticoespinal se dirige a la médula espinal, donde finalmente las sinapsis establecidas con las motoneuronas espinales permiten las contracciones de la placa motora necesarias para el movimiento. Un daño selectivo de la corteza motora primaria de un hemisferio produce parálisis contralateral, esto es, del lado contrario del cuerpo. Cada grupo de células del área 4 controla una parte del cuerpo, y no existe una correspondencia entre el tamaño de la extremidad o parte del cuerpo y la extensión del área cortical que la controla. Así, la corteza motora primaria presenta un gran número de células para el control de los músculos de la cara, pero un número más reducido para el control de las extremidades inferiores. Esta desproporción entre el tamaño de la parte del cuerpo y el área cortical que la controla se suele representar en la forma de un hombre deformado, conocida como homúnculo . Así pues, la parte del cuerpo que queda paralizada tras un daño frontal se corresponde con un grupo específico de células alterado en la corteza motora primaria del hemisferio contrario. En dirección rostral desde el área motora primaria se encuentran el área motora secundaria, o premotora, (situada en el plano lateral) y el área suplementaria (visible en la zona medial). La lesión en estas áreas asociativas no suele producir parálisis, pero se asocia con diversos trastornos del movimiento, como las apraxias. La estimulación de las áreas motoras primarias produce contracciones musculares, pero en las áreas asociativas sólo ocurre si se aplica una estimulación intensa. Esto es así debido a que las áreas premotora y suplementaria se encargan de planificar y organizar todas las secuencias de movimientos voluntarios que puede realizar un individuo. Para ello mantienen conexiones bidireccionales con estructuras relacionadas con el movimiento, como el tálamo, los ganglios basales, el tronco del encéfalo, el cerebelo, la corteza motora primaria, e incluso con el área de corteza que procesa primariamente la información sensorial del cuerpo, y que se conoce como área somatosensorial o somatoestésica.

Al igual que ocurre con el lóbulo frontal, el daño en los lóbulos temporales compromete numerosos procesos neuropsicológicos. La parte posterior del área 22 de

Brodmann, en el lóbulo temporal izquierdo, es el área sensorial asociativa especializada en la comprensión del lenguaje. El daño en esta zona, y en regiones perisilvianas próximas, afecta a la comprensión verbal y a otras dimensiones sensoriales y receptivas del lenguaje. Los lóbulos temporales también intervienen en la percepción auditiva, el reconocimiento de caras, la percepción visual y las respuestas emocionales. Una función clave de la parte medial de los lóbulos temporales es la memoria y la capacidad de aprender y retener información [54]. La experiencia médica y neuropsicológica ha permitido entender algunos de los mecanismos de memoria que operan en nuestro cerebro. El caso del paciente H.M. se ha convertido en parte de la historia misma de la neuropsicología por este motivo. H.M. fue intervenido quirúrgicamente en un intento desesperado por reducir las constantes y diarias crisis convulsivas que padecía. Tras la evaluación médica pareció necesario extirpar la zona causante de las crisis, la parte más medial de los lóbulos temporales. Desde este punto de vista la operación fue un éxito y remitieron las crisis epilépticas. Sin embargo, H.M. ya no podía retener nueva información desde la intervención y olvidaba todo cuanto ocurría. No obstante, no todos los tipos de memoria y aprendizaje quedaron afectados tras la operación. Estos descubrimientos ayudaron a concebir la existencia de varios tipos de memoria que dependen de mecanismos cerebrales distintos. El tipo de memoria consciente, explícita o declarativa (que perdió H.M.) parece depender de la parte medial del lóbulo temporal y, sobre todo, del hipocampo, una estructura del sistema límbico adyacente a la parte medial del lóbulo temporal. La lesión selectiva en estas regiones produce amnesia, pero puede dejar preservada una memoria no consciente, llamada implícita, la cual depende de otras estructuras encefálicas. Por otra parte, una anómala neurotransmisión inhibitoria en estos lóbulos suele asociarse con ataques epilépticos [17]. La epilepsia se relaciona con múltiples déficit neuropsicológicos [12], cuya naturaleza depende del tipo de alteración cerebral y de su localización exacta. Además, la neurodegeneración que acompaña a las demencias (sobre todo a la de Alzheimer) suele extenderse a los lóbulos frontales y temporales, lo cual provoca una variedad de síntomas neuropsicológicos característicos del daño en estas regiones del cerebro [29].

Los lóbulos parietales tienen una limitación bien definida en su parte anterior. Se extienden en dirección caudal o posterior desde el surco central, ocupando así el área cortical postcentral. En su parte más posterior los límites con los lóbulos occipitales no están tan bien de nidos. La corteza somatosensorial está situada en la parte más anterior del lóbulo parietal (áreas 1, 2 y 3 de Brodmann), y ahí se integra contralateralmente toda la información sensorial corporal. En un alto porcentaje de sujetos el lóbulo parietal derecho se ha especializado en la orientación visuoespacial a partir de las aferencias del lóbulo occipital. Su lesión produce trastornos de la orientación espacial. En el lóbulo parietal izquierdo existen dos regiones relacionadas con algunos aspectos del lenguaje, la escritura, la lectura y el cálculo numérico. Estas zonas corticales, próximas a las áreas temporales del lenguaje, son los giros angular y supramarginal.

En los lóbulos occipitales tiene lugar el procesamiento de la información visual. El área visual primaria, o área 17 de Brodmann, es la zona donde converge primariamente toda la información del campo visual contralateral. Estas informaciones visuales se integran y se asocian posteriormente en las áreas asociativas V2-V5 de los lóbulos occipitales.

El procesamiento visual implica además algunas estructuras troncoencefálicas, como los colículos superiores del mesencéfalo, y un núcleo sensorial del diencéfalo localizado en el tálamo, llamado núcleo geniculado lateral. La lesión en el área 17 produce una ceguera central o cortical, aunque los órganos sensoriales para la visión permanezcan intactos. La lesión talámica y mesencefálica también compromete el procesamiento visual. El daño en áreas visuales asociativas no suele inducir ceguera, al menos no completa, pero sí produce varios tipos de trastornos del reconocimiento visual llamados agnosias visuales.

El conocimiento de todas estas funciones cerebrales se ha ido conformando gracias a la práctica clínica y al empleo de numerosas técnicas y herramientas de investigación [38].

5.2.2. Técnicas de investigación en Neuropsicología

Existen tres importantes procedimientos de registro de la actividad eléctrica cerebral: el electroencefalograma (EEG), los potenciales evocados y la magnetoencefalografía.

El EEG es una técnica que permite registrar la actividad eléctrica cerebral, mediante electrodos colocados de manera estándar en la supercie del cuero cabelludo. La actividad eléctrica se genera a través del fl ujo iónico que tiene lugar a través de las membranas de las neuronas de la corteza cerebral. Este flujo iónico puede desencadenar una corriente eléctrica (o potencial de acción) que recorre los axones de las neuronas hasta su parte terminal. En la terminal, el potencial de acción permite la liberación de sustancias químicas mensajeras (llamadas neurotransmisores) al espacio extracelular. Los neurotransmisores liberados por una célula en una sinapsis (o comunicación entre neuronas) pueden iniciar nuevamente cambios eléctricos en aquellas células con las que sinapta. Estos cambios eléctricos, en definitiva, permiten la comunicación neuronal, y pueden detectarse en forma de ondas eléctricas cerebrales mediante el EEG. Esta técnica fue diseñada a principios del siglo XX, y en la actualidad permite, entre otras posibilidades, detectar ondas eléctricas anómalas asociadas con disfunción cerebral, como en el caso de la epilepsia. Además, dado su potencial para mostrar la actividad cerebral en tiempo real, también se emplea en investigación básica.

Los potenciales evocados también son registros de la actividad eléctrica cortical. Pero, a diferencia del EEG, la técnica permite registrar ondas cerebrales evocadas o inducidas selectivamente por algún evento o por la aplicación de algún estímulo. De esta manera, la utilización de esta herramienta puede servir para analizar patrones cerebrales asociados a determinadas tareas. Los potenciales evocados tienen una alta resolución temporal, puesto que informan en tiempo real de la actividad eléctrica cortical que se produce durante el procesamiento mismo de la información. Por este motivo son ampliamente utilizados hoy día en el estudio de las funciones cerebrales.

El magnetoencefalograma es otra de las técnicas de registro cerebral. Sus principios están fundamentados en la detección de los campos magnéticos cerebrales que se originan principalmente tras la acumulación de potenciales eléctricos de membrana en las células piramidales del neocórtex. Los primeros registros no invasivos mediante esta técnica datan de los años sesenta. Actualmente el magnetoencefalograma presenta múltiples aplicaciones clínicas, diagnósticas y de investigación [36]. Al igual que el EEG, la magnetoencefalografía (MEG) se emplea para la evaluación de la epilepsia. Por otra parte, cada vez más se encuentran estudios en los que se ha empleado la MEG para investigar las funciones neuropsicológicas. La memoria [16] y el lenguaje [42] son dos de los procesos cognitivos que con mayor detalle han sido estudiados mediante esta técnica.

Además de poder registrar las ondas cerebrales y el patrón de actividad eléctrica cortical mediante las técnicas anteriormente descritas, la biotecnología ha proporcionado otras herramientas con las que pueden obtenerse imágenes cerebrales in vivo. Estas técnicas, denominadas de neuroimagen, han evolucionado desde sus primeras aplicaciones en los años 70, y en la actualidad ofrecen registros en tiempo real de la actividad cerebral. Aquellas que permiten visualizar la anatomía del cerebro constituyen técnicas estructurales de registro. Las que, además, permiten visualizar la actividad cerebral se consideran técnicas funcionales. La imagen por resonancia magnética (RMI) y la tomografía axial computarizada (TAC) son dos técnicas estructurales ampliamente utilizadas en la clínica y en investigación. La tomografía por emisión de positrones (PET), la tomografía por emisión de fotón único (SPECT) y la resonancia magnética funcional (RMf) son, por el contrario, técnicas empleadas en el estudio de las funciones cerebrales. Procesos cognitivos tales como la memoria, la atención y el lenguaje, entre otros, están siendo minuciosamente evaluados mediante el empleo de estas técnicas funcionales, especialmente la RMf.

Otras herramientas empleadas, tanto en clínica como en investigación, son las técnicas de estimulación cerebral. La estimulación eléctrica cortical ha ayudado a diseñar un mapa cortical en el que se pueden representar y localizar las diversas funciones cognitivas. La investigación animal y las aplicaciones en neurocirugía son dos de los referentes en los que la estimulación eléctrica cortical ha aportado mayor información sobre la localización de las funciones cerebrales. En cambio, la estimulación magnética transcraneal (EMT) es una técnica potencialmente más rica, dado que permite conocer la distribución anatómica de las funciones cerebrales con una gran resolución espacial y temporal [25], y además posibilita la activación o la interferencia de estas funciones. Por ello, esta técnica podría ayudar a entender de una manera causal la relación entre la neuroanatomía y los procesos cognitivos y emocionales particulares que de ella se derivan [13,15,45].

5.2.3. Estimulación Magnética Transcraneal: aportaciones al estudio de las funciones cerebrales

La EMT es una técnica de carácter neurofisiológico. Mediante un capacitador, o bobina, puede inducirse una corriente magnética en el cerebro a través de la supercie de la cabeza. Dicha corriente provoca una estimulación eléctrica en las células corticales que afecta a la actividad neuronal. El procedimiento consiste, por tanto, en una estimulación eléctrica transcraneal inducida magnéticamente. Existen principalmente dos tipos de bobina. La bobina simple presenta una forma circular e induce un campo magnético simétrico alrededor del centro. La bobina doble tiene forma de ocho y produce campos magnéticos en sentido contrario, que se suman y producen estimulaciones más profundas y selectivas.

En general, hoy día existen tres formas de aplicar los pulsos magnéticos en el cerebro: de manera monofásica, bifásica o polifásica [43]. Dependiendo de los objetivos particulares que se persigan, se pueden emplear unos u otros pulsos [41, 47]. Además de las formas o tipos de pulsos, se contemplan dos modos diferentes de estimulación [59]. En uno de ellos la estimulación se realiza por pulsos simples o trenes de corta duración. El otro modo de estimular es mediante pulsos pareados, en los que se descargan dos pulsos en la misma bobina. La evidencia sugiere que los posibles efectos de inhibición y facilitación corticales inducidos por EMT con pulsos pareados están mediados por sistemas de neurotransmisión gabaérgica [27], dopaminérgica [62] y glutamatérgica [19]. Los pulsos magnéticos potencialmente producen una estimulación tanto de las neuronas excitadoras como de las neuronas inhibidoras que se encuentren en el campo de estimulación [18]. Por ello, la EMT puede interferir en algunas respuestas [32] o, en determinadas condiciones, puede mejorar la ejecución [60].

Las posibilidades de aplicación de la EMT son abundantes, tanto en la práctica clínica como en el estudio de las funciones cerebrales [23,52]. Una de estas funciones ampliamente investigada mediante el empleo de esta técnica es la respuesta motora, sus características, latencias y tiempo de reacción, así como los posibles procesos de recuperación motora asociados a la estimulación magnética en sujetos con daño cerebral. La EMT aplicada en la corteza motora induce una actividad neuronal conocida como potenciales evocados motores (PEM). Si se aplican pulsos simples de intensidad progresivamente creciente sobre esta región se observa un aumento de la amplitud de los PEM, que ha sido relacionado con mecanismos de feedback positivo mediados por el neurotransmisor glutamato en la vía corticoespinal (Prout y Eisen, 1994). Por otra parte, los trenes de estimulación repetida con diferentes intensidades y frecuencias también determinan la amplitud de los PEM. La estimulación repetida puede, asimismo, generar una propagación de la excitación cortical [46], al parecer debido a la afectación secundaria de la neurotransmisión inhibitoria gabaérgica. Los pulsos de estimulación repetida necesarios para inducir esta propagación aportan una medida de los procesos de inhibición cortical subyacentes. En general, las medidas de excitabilidad de la corteza cerebral pueden tener una aplicación práctica en la clínica y el tratamiento farmacológico de trastornos derivados de una siopatología cortical, como epilepsia, esquizofrenia, Parkinson, autismo, trastornos del movimiento, etc. [61].

El empleo de la estimulación magnética está ayudando, pues, a conformar un mapa cortical de las funciones motoras, sensoriales, emocionales, lingüísticas y de memoria [21, 22, 48, 50, 51, 53, 55 57].En la actualidad, la EMT halla una gran utilidad en la elaboración de mapas motores [34]. Para tal n, el protocolo incluye la estimulación de áreas motoras y el registro de los PEM como respuesta motora. El diseño de mapas motores corticales no sólo es útil para conocer la distribución anatómica de las funciones cerebrales, sino que, además, puede servir como método de evaluación previa a la neurocirugía cortical.

De esta forma pueden preverse las consecuencias funcionales de la ablación o lesión de determinadas zonas corticales tras una intervención neuroquirúrgica.

Por otra parte, la EMT ya se está utilizando actualmente en la evaluación y el tratamiento de algunas patologías motoras. En las evaluaciones clínicas puede combinarse la estimulación eléctrica cortical inducida magnéticamente con el empleo del electromiograma (EMG). En estos casos puede emplearse una bobina simple circular y una estimulación por pulsos simples. No obstante, la bobina en forma de ocho genera estimulaciones más selectivas de la corteza motora. La intensidad de la estimulación se calcula como una razón del umbral motor en reposo del músculo cuya vía de activación pueda estar afectada. El procedimiento diagnóstico consiste habitualmente en estimular la corteza motora y registrar los PEM inducidos en el músculo cuya representación cortical se ha activado. De esta manera pueden facilitarse los diagnósticos de aquellas paresias que no se deben a una alteración de las áreas motoras corticales, o de aquellas que provienen de una lesión medular o de las propias neuronas corticoespinales. También este procedimiento puede ayudar al diagnóstico diferencial de algunas patologías con signos motores (por ejemplo, entre esclerosis lateral amiotró ca y otras esclerosis degenerativas), según las características del umbral motor registrado [20]. Asimismo, la EMT aplicada en la corteza motora de ambos hemisferios y el registro electromiográfico pueden ser útiles para el acertado diagnóstico de esclerosis múltiple, toda vez que la latencia de aparición de los PEM y su amplitud pueden indicar el grado de compromiso de la conducción nerviosa en la vía piramidal. Además de estas aplicaciones, la EMT se está convirtiendo en una herramienta de gran utilidad para el pronóstico de recuperación tras una lesión cerebral, o para el seguimiento a lo largo del proceso de rehabilitación y tratamiento de trastornos desmielinizantes. Se ha informado, incluso, de la utilización de la estimulación magnética para monitorizar quirúrgicamente el tracto corticoespinal durante la cirugía medular con fines igualmente pronósticos [26], y está bien descrita su variada función rehabilitadora [30,31,33,35].

En resumen, la EMT es una técnica no invasiva que, además de resultar útil en la práctica clínica, puede aportar importante información sobre la neuroanatomía y neurofisiología de las funciones corticales, y sobre los procesos de plasticidad neural asociados al aprendizaje o al daño cerebral [14,37,39,40,44,58].

6 NEUROECONOMÍA

6.1. INTRODUCCIÓN

Los avances en neurociencia han permitido el desarrollo de una nueva disciplina, la neuroeconomía, que se dedica al estudio de la relación entre lo que sucede en el cerebro humano durante la toma de decisiones y la conducta de los agentes económicos. Los avances son relativamente recientes, pero rápidos y abren puertas que suponíamos cerradas. El cerebro humano deja de ser una caja negra; su interior puede ahora ser analizado, de modo que algunos postulados básicos puedan ser estudiados empíricamente y pierdan así su carácter de axiomáticos. Una nueva versión del verstehen, una manera de mirar que supera la introspección, está al alcance de los economistas como consecuencia de la tarea de científicos de otras disciplinas, como la psicología y la neurociencia.

En este capítulo analizaremos las consecuencias de la aparición de esta nueva disciplina, la neuroeconomía, sobre la forma como los economistas estudian el comportamiento del ser humano. En la siguiente sección tratamos la evolución del principio de racionalidad en la teoría económica, dado que es a esta cuestión a la que están orientados los estudios neuroeconómicos, que intentan mostrar una nueva forma de analizar los procesos decisorios. A continuación veremos en líneas generales las principales técnicas que permiten estudiar lo que sucede en el interior del cerebro cuando se enfrenta a la toma de decisiones. Finalmente en la última sesión de este capítulo analizamos, a título de ejemplo, algunos de los trabajos que consideramos más relevantes, con el objeto de presentar las distintas formas de análisis utilizadas.

6.2. LA EVOLUCIÓN DEL PRINCIPIO DE RACIONALIDAD EN LA TEORÍA ECONÓMICA

a) Lo que conocemos como el modelo neoclásico tiene como fundamento una teoría del comportamiento humano que ha funcionado más o menos satisfactoriamente. La idea básica es que los agentes económicos actúan racionalmente y, por lo tanto, optimizan su utilidad de manera previsible cuando consumen, y producen eficientemente al combinar de la mejor manera posible los factores de producción. El principio de racionalidad puede considerarse desde dos ángulos distintos: el normativo, que implica establecer cuáles son las características que debe tener una conducta para ser calificada como racional, y el descriptivo, que analiza la conducta observada para determinar si puede ser calificada como racional. ¿Cuándo es racional una conducta? Cuando de un conjunto X $(x_1, x_2, \ldots, x_N)$, si hemos preferido x_1 a x_2 y x_2 a x_3, siempre preferiremos x_1 a x_3, y cuando al mismo tiempo perseguimos maximizar nuestro propio interés[1]. Sin embargo, en sus comienzos, la ciencia económica no utilizaba este principio, al menos en la forma en que se lo aplicó posteriormente[2], como veremos a continuación.

b) Los primeros economistas comenzaron su tarea cuando la psicología todavía no existía, razón por la cual actuaron, de alguna manera, como psicólogos. La obra de Hume [76] está dedicada en gran parte a analizar el conocimiento humano desde una perspectiva que hoy consideraríamos como terreno de la psicología, y no es precisamente una visión simplificada y monolítica como la que sirve de sustento al modelo neoclásico, sino que, aplicando también la introspección, describe un ser humano mucho más complejo y real. En esta línea de pensamiento se inscribe la obra de Adam Smith (1941) Teoría de los sentimientos morales, un análisis detallado de la psicología humana [95] . Como sostiene la neuroeconomía en nuestros días, siguiendo la distinción platónica, la obra de Smith diferencia dos sistemas en el ser humano, uno afectivo, ligado a las pasiones y a los sentimientos más primitivos, y otro superior, que controla, a modo de un espectador imparcial, al primero:

> Cuando me esfuerzo por examinar mi propia conducta, cuando me esfuerzo por pronunciar sentencias sobre ella, ya sea para aprobarla o para condenarla, es evidente que en tales casos es como si me dividiera en dos distintas personas, y que yo, el examinador y el juez, encarno un hombre distinto al otro yo, la persona cuya conducta se examina y se juzga. El primero es el espectador […]. El segundo es el agente, la persona que con propiedad designo como a mí mismo, y de cuya conducta trataba de formarme una opinión, como si fuese la de un espectador. El primero es el juez, el segundo la persona a quien se juzga […]. Cuando estamos a punto de actuar, la avidez de la pasión raramente nos permitirá considerar lo que hacemos con el desapasionamiento de una persona inteligente […].

En la Riqueza de las naciones, según afirma Simón (1997) [94], ``la racionalidad que describe Smith es la del sentido común de todos los días. Esto sigue de la idea de que la gente tiene razones para hacer lo que hace. Esto no depende de un elaborado cálculo de utilidad''. Los economistas clásicos, siguiendo a Smith, introducen el principio del interés personal, pero con las limitaciones precitadas, y analizan la conducta del productor, más que la del consumidor[3].

---

[1] Ver Sen (1987). Una definición similar es la de Aumann (2005), que dice que el comportamiento de una persona es racional cuando su conducta es la que mejor se ajusta a sus intereses, dada la información de la que dispone en el momento de tomar la decisión. Para un análisis del concepto de racionalidad más formal y preciso, ver Mas-Colell, Whinston y Green (1995).

[2] Ver Camerer y Loewenstein (2004).

[3] Ver Arrow (1987).

c) Algo más de un siglo después, Marshall (1920), en la octava edición de los Principles of Economics, incorpora los principios del marginalismo, atribuidos a Cournot, von Thünen y Jevons, lo que implica la idea de la maximización de la utilidad, que puede provenir de elecciones que impliquen altruismo, interés personal o finalidades perversas.

d) Sin embargo, a medida que transcurre el tiempo se va definiendo una forma de fundamentar la economía en la psicología, que comienza a finales del siglo XIX y llega a su culminación con la paradigmática obra de Robbins (1932) Naturaleza y significación de la ciencia económica. Esta define una metodología que reúne una serie de ideas que se basan en la economía inglesa y que integra con el pensamiento de la escuela austriaca, con cuyos exponentes más representativos estuvo en contacto en su visita a Viena en los años veinte. Su tesis es que los agentes económicos, que se encuentran ante fines ilimitados a los que tienen que asignar recursos escasos, actúan racionalmente, optimizando su utilidad como consumidores y su eciencia como productores. No analiza la posibilidad de que estas ideas sean sometidas a comprobación empírica, ya que forman parte de los supuestos básicos a los que accedemos a través de la introspección[4], y que por ser obvios no pueden ser sometidos a test alguno. Existe un solo sistema en el cerebro humano, el deliberativo, y no queda lugar para las pasiones y demás funciones del sistema afectivo. Se define de esta manera una base psicológica ad-hoc, hecha a medida de la ciencia económica.

e) Esta manera de ver la economía tiene una aceptación bastante generalizada, a pesar de que existieron voces críticas. Una de las primeras y más conocidas es la de Hutchison (1938) [77], que inspirado en Popper sostiene la necesidad de someter a falsificación todas las teorías que pretenden el calificativo de científicas[5]. Veamos el siguiente párrafo:

---

[4] Podemos definirla como la observación interior de los propios actos o estados de ánimo o de conciencia
[5] Una excelente descripción de la controversia entre Hutchison, Robbins y Machlup puede verse en Caldwell (1982).

> If one conceives of Gossen's Law as an empirical generalization
> one can, when wants to, go to the facts of economic behavior
> to test it. On the other hand, simply to rely on dogmatic
> assertions even when supported by phrases like ``inner feelings
> of necessity" or ``a priori facts", is to commit scientific suicide.
> It must really be explained in what precise way this ``inner
> feeling of necessity" with which psychological method justifies
> its propositions differs from the ``inner felling of necessity"
> which political fanatics and the like always discover in support
> of their doctrines [...].
> We have seen that within Economics the optimistic procedure
> of beginning with highly simplified ``isolated" abstractions,
> in the hope of gradually making more realistic by removing
> the simplifying assumptions, is apt to come to a dead end, and
> that if one wants to get beyond a certain high level of
> abstraction one has to begin more or less from the beginning
> with extensive empirical investigation [...].

En ese momento era difícil someter los principios básicos a comprobación empírica, y quienes negaban su necesidad estaban más inspirados en la imposibilidad de hacerlo, cosa que actualmente se ha modificado sustancialmente.

f) Keynes (1945) [80] también se aparta del concepto de racionalidad cuando se pregunta cómo puede ser que aun cuando el análisis racional de los proyectos de inversión nos muestra su inconveniencia, los agentes económicos deciden invertir a pesar de ser alta la probabilidad de que el proyecto no resulte rentable y a veces lleve a la quiebra al inversor. Supone que esto se debe a los animal spirits[6], que son algo así como ondas de optimismo y pesimismo que envuelven a la sociedad alternativamente y nos mueven a la acción por el placer que por sí misma ésta produce. Además, la inflexibilidad de los salarios a la baja, la ilusión monetaria, la inhabilidad de los hombres de negocios para formular sus expectativas y la trampa de la liquidez, son todas manifestaciones del apartamiento de la racionalidad, que hacen que la economía se aparte del pleno empleo y sean necesarias políticas públicas que lo restablezcan [94].

g) Por otra parte, Simon (1978) da cuenta de sus cuestionamientos al principio de racionalidad en las decisiones de los empresarios, a partir de una serie de trabajos que lo hicieron acreedor al Premio Nobel. Define su idea de bounded rationality en los siguientes términos[7]:

---

[6] Este concepto proviene de Galeno, un famoso médico del Asia Menor que vivió en el siglo II a.J.C. y que pensaba que el hígado generaba ``natural spirits", el corazón ``vital spirits" y el cerebro ``animal spirits", que eran los que producían el movimiento actuando sobre los músculos. Luego esta idea fue retomada por Descartes, quien diferenciaba entre impulsos racionales e irracionales, que se producen a través de la glándula pineal, donde suponía que estaba radicada el alma humana (Ver Koppl, 1991).

[7] Simon (1997) contrapone su concepto de bounded rationality a lo que define como global rationality, que es el concepto la teoría neoclásica, de acuerdo a la cual, el agente económico tiene una función

> The task, then was to replace the classical model with one
> that World describe how decisions could be (and probably
> actually were) made when the alternatives of search had   to
> be sought out, the consequences of choosing particular
> alternatives were very imperfectly known both because of
> limited computational power and because of uncertainty in the
> external world, and the decision maker did not possess a general
> and consistent utility function for comparing heterogeneous
> alternatives. Several procedures of rather applicability and wide
> use have been discovered that transform intractable decisions
> problems into tractable ones. One procedure already mentioned
> is to look for satisfactory choices instead of optimal ones.
> Another is to replace abstract, global goals with tangible
> subgoals, whose achievement can be observed and measured.
> A third is to divide up the decision-making tasks among many
> specialists, coordinating their work by means of a structure
> of communications and authority relations. All of these, and
> others, to the general rubric of ``bounded rationality" [...].

Simon abre una compuerta para la reformulación de la teoría de la rama y de las decisiones empresarias, que modifica el modelo neoclásico. En lugar de optimizar en la forma que presupone la teoría neoclásica, los agentes económicos se fijan una meta. Cuando la logran, aunque no sea lo óptimo, se sienten satisfechos con ella y no buscan optimizar. Los hombres de carne y hueso tienen capacidades limitadas tanto para adquirir conocimientos como para realizar cálculos, y para predecir su comportamiento sería necesaria la participación de psicólogos y sociólogos, además de economistas (Ver [94]).

h) Szychowski (2002, 2006) [96,97]presenta una forma distinta de analizar la conducta del homo economicus, del cual nos brinda una versión donde es aún más racional que en la versión habitual. Dentro de la demanda del agente económico incorpora la demanda por bien y por mal, de acuerdo a las recompensas esperadas por los agentes en función de su conducta, lo que se adicionaría a la demanda desprovista de valoraciones de la teoría neoclásica. Los agentes económicos, al maximizar sus funciones de utilidad, sujeta a las restricciones habituales, lo hacen en un contexto mucho más amplio.

i) El renacimiento de la psicología dentro de la economía se traduce en la corriente de pensamiento que se cobija bajo la denominación de behavioral economics, que se difunde y generaliza con el otorgamiento del Premio Nobel de Economía del año 2002 a Kahneman y Smith. Estos autores de nen dos tipos de procesos cognitivos: el Sistema 1, al que llaman intuición y el Sistema 2, razonamiento:

---

de utilidad, conoce todas las alternativas a su elección, puede calcular la utilidad esperada de cada alternativa y elige aquella que maximiza su utilidad

``The operations of System 1 are fast, automatic, effortless, associative, and often emotionally charged; they are also governed by habit, and are therefore di cult to control or modify. The operations of System 2 are slower, serial, effortful, and deliberatively controlled: they are also relatively flexible and potentially rule-governed"[...]. Utility cannot be divorced from emotion, and emotions are triggered by changes. A theory of choice that complete ignores feelings such as pain of losses and the regret of mistakes is not only descriptively unrealistic, it also leads to prescriptions that do not maximize the utility of outcomes as they are actually experienced [...] [79].

j) El libro de Camerer y Loewenstein (2004) [69] resume los principales hallazgos de esta corriente[8]. El método que utilizan los economistas y psicólogos que trabajan en la línea precitada es principalmente el experimento activo, es decir, el que se realiza sobre un grupo de personas elegidas, a las que se somete a preguntas relativas al tema en estudio, es repetible y puede ser analizado estadísticamente, aunque también se utilizan los otros métodos que utiliza la economía en general (ver [69, 86]). Sin embargo, lo que distingue a esta corriente es la utilización de conocimientos que provienen de la psicología para analizar el comportamiento económico.

Mientras la concepción del modelo neoclásico parte de la idea de que los seres humanos tienen objetivos bien de nidos que tratan de alcanzar, los primeros hallazgos de la Neuroeconomía, de acuerdo también con los avances recientes de otras disciplinas, conforman la idea que ya había adelantado, por ejemplo Ainslei (1992) de que en una persona existen por lo menos dos centros de decisión: uno proveniente del sistema deliberativo, ubicado en la corteza cerebral, y otro afectivo, ubicado en la parte interna del cerebro, es decir, en su parte límbica. La distinción freudiana entre el id y el ego se inscribe también en esta forma de pensar, toda vez que el primero está relacionado con el afecto y las funciones límbicas, mientras que el segundo lo está con el sistema deliberativo o cognitivo.

Volvemos así al principio, cuando Adam Smith habla de una confrontación entre nuestras pasiones y lo que denomina ``espectador imparcial". Si bien el modelo neoclásico parte de la premisa de que los consumidores optimizan su utilidad y los empresarios maximizan sus ganancias, en un escenario de perfecta información, esto no ha sido así en los comienzos de la ciencia económica por una parte, y por otra ha habido opiniones divergentes con ese modelo desde hace ya mucho tiempo. Sin embargo, generalmente se reconoce que el modelo neoclásico ha funcionado razonablemente bien, aunque debe ser discutido de nuevo en sus fundamentos para poder construir una mejor teoría económica.

---

[8] Recientemente, el Journal of Economic Literature incluye dos trabajos que comentan el libro referido, lo que da idea de la repercusión que ha tenido esta corriente de pensamiento en el medio académico (Ver [73, 90]).

6.3. LAS HERRAMIENTAS DE LA NEUROECONOMÍA

Con el avance de modernas técnicas científicas, inocuas, con registros digitales que permiten reproducirlos y revisarlos, se logra conocer qué sucede en el cerebro humano cuando razona, analiza alternativas, toma decisiones económicas y predice la conducta de otros agentes económicos.

Las neuronas de los cinco sentidos (vista, audición, gusto, olfato y tacto) conducen la información del medio ambiente desde la periferia hasta el sistema nervioso central, donde los centros cerebrales, que son agrupaciones de neuronas con funciones similares, la interpretan, la procesan y generan las respuestas, que van en sentido contrario, desde el sistema nervioso central hasta la periferia, en forma de acciones motoras. Este trabajo neuronal hace que el cerebro sea el órgano del cuerpo que más consume oxígeno y glucosa (hidrato de carbono)[9].

- Las imágenes cerebrales son las herramientas más utilizadas por los neuroeconomistas. Para analizar una hipótesis de trabajo determinada se procede de la siguiente manera: se selecciona un grupo de personas voluntarias y se las instruye para evitar toda tensión o carga psicológica. Se les toman imágenes cerebrales tomo- gráficas sucesivas, las primeras en reposo y luego en distintos momentos, por ejemplo, durante la toma de una decisión económica. Luego se comparan las diferentes imágenes obtenidas, analizando cuáles son los centros nerviosos que entraron en actividad, y en qué orden lo hicieron en el tiempo. Por último, los resultados obtenidos se analizan estadísticamente.

- El antiguo electroencefalograma (EEG) es el primero de los métodos de imágenes cerebrales usados. Es el gráfico que se obtiene por el registro de los potenciales eléctricos de las neuronas del cerebro, mediante electrodos que se fijan en el cuero cabelludo, con electroencefalografías previas y después del estímulo.

- La tomografía de la emisión de positrones (PET) estudia las áreas en actividad que requieren oxígeno y glucosa rápidamente. El marcador en estos casos es un átomo de oxígeno radiactivo que tiene un núcleo inestable que emite positrones (electrones de carga positiva). Se inyecta por vía intravenosa y es detectado por sensores pegados al cuero cabelludo y así se identi can los centros nerviosos activados por la congestión y consumo de oxígeno radiactivo.

- Las imágenes de resonancia magnética funcional (fMRI) son, sin lugar a duda, la técnica más utilizada, sobre todo porque no requiere inyectar ninguna sustancia y es totalmente inocua. La fMRI rastrea el flujo sanguíneo cerebral usando los cambios de las propiedades magnéticas de la hemoglobina, transportada por los glóbulos rojos de la sangre[10] en forma de oxihemoglobina, la cual genera ondas magnéticas de radiofrecuencia (RF), que pueden ser monitoreadas en presencia de un campo

---

[9] El cerebro representa el 2,5 % del total del peso del cuerpo humano, pero con- sume el 20 % de la energía.
[10] Ver Hornak (2004).

magnético. El consumo de oxígeno de las neuronas en el proceso da una imagen de la actividad de los diferentes centros neuronales y de las regiones cerebrales[11].

Esta técnica capta áreas de 3 mm de espesor y mide eventos que tienen lugar en segundos, mostrando centros en actividad en forma simultánea o sucesiva expuestos a tareas económicas específicas, procesos automáticos del cerebro límbico, procesos controlados corticales, procesos afectivos amigdalinos y procesos cognitivos. Un núcleo cerebral no realiza sólo una función en forma completa, sino que varios núcleos cerebrales participan en ella, y no siempre de igual manera. Por ejemplo, cuando escuchamos una conversación, el centro que participa en último término es el área occipital de Wernicke, pero cuando articulamos la palabra, el que lo hace es el área parietal de Brocca.

- Las imágenes de la tensión de difusión (DTI) constituyen una nueva variante de la fMRI, que permite explorar la manera en que el rápido f lujo de agua se desplaza en el axón revelando la trayectoria del estímulo nervioso que conecta una región neuronal con otra. Estas imágenes son utilizadas para comprender el funcionamiento de los circuitos neuronales y son un complemento importante para la fMRI con imágenes que sólo muestran la actividad en múltiples centros cerebrales aislados. El cerebro, como hemos visto, está compuesto por distintas regiones anatómicas que no son autónomas, sino que constituyen un cohesivo e integrado sistema organizado en un misterioso camino de senderos, por lo que es imposible comprender cómo trabaja el cerebro, estudiando una región particular en el tiempo.

- El método magnético encéfalográfico (MEG) mide los campos magnéticos generados por las diferentes actividades eléctricas del cerebro con una unidad de tiempo de un milisegundo, pero sólo es utilizado para estudiar regiones superficiales del cerebro, por lo tanto es un método de gran potencial para estudiar procesos de siología neuronal que se producen más rápido en la unidad tiempo y en volúmenes cerebrales más pequeños.

- Para obtener mejores resultados, estos métodos de imágenes cerebrales se pueden asociar. El MEG y el EEG tienen una excelente resolución temporal, en unidades de tiempo de milésimas de segundo, pero sólo permiten estudiar la parte externa del cerebro. La fMRI en unidad de tiempo tiene una resolución de segundos en espacios de 3 mm cúbicos en todas las áreas del cerebro, tanto superficiales como profundas. El PET tiene buena resolución espacial pero es pobre en el tiempo, ya que el aporte de sangre a las áreas de actividad nerviosa demora segundos. Esto muestra que los estudios actuales de imágenes cerebrales combinados pueden medir la actividad de 3 mm de diámetro del cerebro donde participan miles de neuronas y millones de circuitos[12].

---

[11] Ver Logothetis, Pauls, Augath, Trinath y Oewltermann (2001).

[12] De las técnicas descriptas, vale la pena destacar que las dos primeras, EEG y PET, fueron utilizadas en un principio, pero la fMRI es actualmente la más usada. El DTI y el MEG constituyen técnicas poco

Se puede mensurar y graficar la función y actividad de una neurona mediante finísimos insertos dentro del cerebro, pero la inserción del alambre daña la neurona, lo que limita la investigación a experiencias con animales. Sin embargo, estos estudios son también muy útiles para comprender el funcionamiento del cerebro humano porque muchas estructuras cerebrales y funciones son similares.

El cerebro está hecho de distintas regiones anatómicas, pero estas no son autónomas, sino que constituyen un cohesivo e integrado sistema organizado en un misterioso camino de senderos. Por lo tanto, para comprenderlo es necesario estudiarlo en su totalidad.

6.4. ALGUNOS LOGROS EN EL ESTUDIO DEL COMPORTAMIENTO ECONÓMICO Y EN LOS PROCESOS DECISORIOS

En los últimos años han aparecido una gran cantidad de trabajos que aplican los conocimientos y técnicas descriptas anteriormente, y en esta sección, con carácter ilustrativo, vamos a describir algunas de las experiencias realizadas con el objeto de mostrar la forma en que trabajan quienes se dedican a este tipo de estudios, y presentar algunos de los logros que consideramos más importantes.

a) La primera es un trabajo realizado por Knutson, Rick, Wimmer, Prelec y Loewenstein [83]. Estos investigadores parten del supuesto microeconómico de que los agentes económicos toman sus decisiones de compra sobre la base de sus preferencias y de los precios de mercado, y utilizando fMRI investigan cómo las personas evalúan sus decisiones y cómo las distintas partes del cerebro se activan ante perspectivas de ganancia o de pérdida. La preferencia de un producto activa el núcleo accumbens, mientras que los precios excesivos activan la ínsula y desactivan la corteza prefrontal. Luego de someter a 19 personas al experimento, donde se les permite comprar una serie de productos a precios reducidos en diferentes proporciones, con una cantidad de dinero que se les regala, analizan la respuesta de cada uno y estiman un modelo de regresión múltiple del tipo ``logístico'', donde la variable endógena es una binaria en la que 1 significa compra y 0 no compra, y las variables exógenas son la desviación del precio respecto del normal, las preferencias del agente y el nivel de activación o desactivación de las tres partes del cerebro precitadas. Los investigadores obtienen resultados significativos en las regresiones estimadas y concluyen que el pago del precio en efectivo es algo más rechazado que el pago con medios crediticios, lo que explicaría el auge de esta forma de pago en la economía contemporánea. En la gura 6.1 se aprecia la imagen que los autores presentan de la aplicación de la fMRI, donde se puede ver la forma en que se analiza el comportamiento del cerebro.

---

usadas hasta ahora, pero merece la pena tomarlas en cuenta para tener una idea de los progresos que pueden lograrse en el futuro.

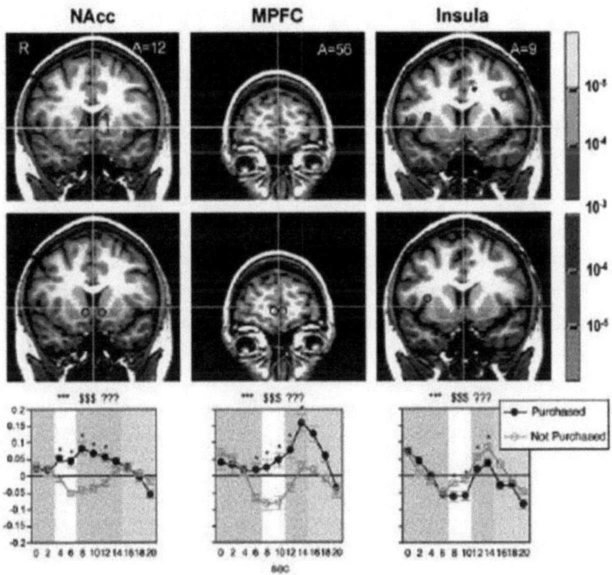

Figura 6.1: Fila superior, de izquierda a derecha: correlaciones asociadas de la activación del núcleo accumbens (NAcc) durante el período de cada producto; activación de corteza prefrontal medial (MPFC); activación de la ínsula con la decisión de compra durante el período de elección (n=26). Fila media, de izquierda a derecha: volúmenes de interés superimpuestos en las imágenes estructurales del NAcc bilateral, MPFC bilateral e ínsula derecha. Fila inferior, de izquierda a derecha: activación bilateral del NAcc en el curso temporal cuando los productos son comprados o no; activación temporal de la MPFC y la ínsula derecha (blanca, divergencia prevista; ***, período del producto; $$$, período del precio; ???, período de elección.

b) Otro ejemplo es el trabajo de Kuhnen y Knutson [84], en el que los autores analizan las desviaciones de la racionalidad que tienen lugar al tomarse decisiones financieras. Utilizando también fMRI, analizan si las anticipaciones de la actividad neurológica pueden predecir decisiones financieras óptimas o subóptimas. La activación del núcleo accumbens precede a elecciones menos riesgosas, mientras que la activación de la ínsula precede a anticipación de pérdidas. La excesiva activación de esos circuitos puede llevar a errores en las decisiones relacionadas con inversiones.

c) Dentro de esta línea se inscribe también otro de los experimentos más conocidos, que está descripto en trabajo de Sanfey, Rilling, Aronson, Nystrom y Cohen [92], en el que analizan las respuestas de 19 personas que son enfrentadas a otras tantas a través de un computador, después de conocerse personalmente. Se pone en poder de la primera la suma de diez dólares. Esta debe proponer a la segunda una forma de distribuirlos. Si la segunda acepta, cada uno queda con su parte, pero si la segunda considera inapropiada la oferta, los diez dólares son devueltos. La respuesta racional sería aceptar cualquier cifra, pero lo que pone de manifiesto este experimento es que si la oferta es inapropiada, resulta rechazada. En el caso que referimos, las ofertas de 50%-50% fueron todas aceptadas, pero las ofertas 80%-20% fueron rechazadas en la mitad de los casos. Esto indica una presencia de las emociones en la toma de decisiones, por lo que procedieron a analizar lo que sucede en el interior del cerebro por medio de fMRI, y encontraron que las ofertas consideradas ``inapropiadas" por los participantes están asociadas con activación de la ínsula, de la corteza prefrontal dorsolateral y la corteza anterior del girus cingular. La activación de la primera es una observación interesante, porque está asociada con el disgusto, el desagrado, el dolor, el hambre y, en general, con estados emocionales negativos.

d) Loewenstein y O'Donoghue (2004) [86] van un paso más adelante. Parten de los hechos que hemos descrito precedentemente. Si bien el modelo neoclásico supone un agente económico con un solo centro decisorio, el deliberativo, ha funcionado relativamente bien al explicar la conducta económica, tanto del consumidor que maximiza su utilidad, como del empresario que organiza eficientemente su empresa, del delincuente que se enfrenta al riesgo de ser apresado si delinque, de quien toma de la decisión de casarse o de tener hijos. La neuroeconomía nos confirma que existen dos sistemas decisorios: el afectivo y el deliberativo. El primero corresponde a las partes internas del cerebro, es decir, las más primitivas en la etapa evolutiva, y el segundo se halla radicado en la corteza cerebral y aparece en estadios más recientes del proceso evolutivo. El sistema afectivo está relacionado con emociones que tienen efectos sobre las motivaciones de la conducta humana, con un componente valorativo siempre presente, ya sea biológico (temor, hambre, deseo sexual) o social (simpatía, odio, desconfianza), y opera generalmente en forma inconsciente. El sistema deliberativo, por el contrario, actúa evaluando lo que percibe el sistema afectivo, con el que está ligado por conexiones nerviosas biunívocas, y sobre el que ejerce cierto poder al disponer de su fuerza de voluntad para corregir la conducta que se seguiría si existiera solamente el sistema afectivo, como ocurre con los animales más primitivos. Los estímulos pueden afectar la parte afectiva solamente, o también a la parte deliberativa, y en función de la evaluación de ambos sistemas va a definirse la conducta por seguir. Con estos supuestos, que son los aportes básicos de la neuroeconomía, van un paso más adelante al construir un modelo matemático que les permite formalizar esta relación. Suponen que el ser humano enfrenta una función por minimizar, que es el costo de su comportamiento. Una parte del costo es la diferencia entre lo que el sistema deliberativo desea y lo que obtiene en última instancia, y otra parte del costo es el esfuerzo que debe hacer el sistema deliberativo para torcer el impulso de actuar de determinada manera.

(1) $[U(xD, c(s), a(s)) - U(x, c(s), a(s))] + h(W, \leq)[M(xA, a(s) - M(x, a(s))]$

donde U es una función de utilidad; x, el curso de acción elegido, de un conjunto X;

los supraíndices D y A indican las conductas óptimas para los sistemas deliberativo y afectivo respectivamente; s es un vector de estímulos; a(s) y c(s) son los vectores de estados afectivos de los sistemas afectivo y deliberativo respectivamente, relacionados con esos estímulos; h es el esfuerzo necesario para corregir el deseo que proviene del sistema afectivo, función del poder de la voluntad, W y de elementos que la debilitan, s, y M son los cursos de acción del sistema afectivo.

Este modelo nos dice que el sistema deliberativo está sujeto a dos fuerzas: una proveniente del propio sistema deliberativo y otra del sistema afectivo. Si el primero primara totalmente sobre el segundo, la conducta seguida sería x_D, y si primara solamente el afectivo, la conducta sería x_A. Sin embargo, lo que ocurre generalmente (pero no siempre) es que se llega a un punto intermedio entre ambas posiciones extremas. Los autores aplican este modelo a tres problemas diferentes: la preferencia intertemporal, el comportamiento ante el riesgo y el altruismo. En los tres casos llegan a la conclusión de que el sistema afectivo comparte la regulación de la conducta con el sistema deliberativo, y que las conductas totalmente racionales, derivadas del sistema deliberativo, no siempre son las que encontramos en la realidad.

e) Otra línea metodológica se basa en el análisis de los efectos de ciertos neurotransmisores, tal como hace Zak (2004) [99] con los efectos de la oxitoxina, mediante el estudio del comportamiento de personas que son sometidas a experimentos donde deben dejar explícito si confían o no en su contraparte. En esos casos, el investigador midió sus niveles de oxitocina y encontró que los niveles elevados están asociados con conductas que revelan confianza en las otras personas. Dado que la confianza entre los miembros de la sociedad tiene implicancias en el desarrollo, como demuestra en un trabajo anterior (ver [98]), estos experimentos también constituyen un aporte destacado.

f) Cohen (2005) [72] considera la conducta humana en función de su evolución desde formas más primitivas, en las que la corteza cerebral aún no existía. Considera que el cerebro es una confederación de mecanismos que a veces actúan juntos, pero en otras ocasiones compiten entre sí. Este autor describe un experimento en el que se analiza la conducta de distintas personas ante el dilema de evitar la muerte de cinco individuos sacrificando a un sexto. Cuando la decisión debe tomarse a distancia de los hechos, aceptamos la sugerencia de la corteza y actuamos racionalmente, evitando la muerte de cinco a costa de la muerte del sexto. Pero cuando estamos inmersos en el problema, cerca de los hechos, pareciera tener prioridad la parte límbica del cerebro, y somos renuentes a sacrificar a esa sexta persona. Cohen atribuye esto al hecho de que nuestros ancestros no tenían posibilidad de actuar a gran distancia, pero sí a aquella a la que podía llegar la piedra que arrojamos. La corteza, que habría sido consecuencia de un proceso de vulcanización del cerebro, ha generado un sistema tecnológico que ha superado nuestra capacidad emocional. Es una tarea muy complicada producir un artefacto nuclear, pero es muy sencillo presionar un botón para arrojarlo. Esto podría implicar que la evolución del ser humano lo ha conducido a una encrucijada de difícil solución, por haberse desarrollado la corteza cerebral, capaz de enormes progresos que tal vez no se habrían producido en el cerebro límbico, y que significaría, en ese caso, que la evolución ha tomado un bocado de la manzana del Edén.

g) Koenings, Young, Adolphs, Tranel, Cushman, Hauser y Damasio (2007) [81] analizan si las emociones juegan un rol causal en los juicios éticos, y cómo contribuyen a ese n las distintas áreas del cerebro. Analizan la conducta de seis pacientes que presentan lesiones en la corteza ventromedial prefrontal (una región del cerebro necesaria para el control de las emociones, y particularmente de emociones sociales), los cuales tienen un comportamiento extremadamente utilitario al decidir sobre dilemas de tipo moral. Este tipo de trabajos nos ilustra acerca de la forma en que los daños en el cerebro pueden constituir una forma alternativa de estudiar su funcionamiento.

h) Los trabajos descritos precedentemente son una muestra, a los efectos de exponer la forma en que trabajan los neuroeconomistas. Pero existen muchos otros trabajos que analizan los temas más diversos. Por ejemplo, entre los que consideramos de mayor interés, encontramos estudios sobre la cooperación entre dos personas, donde se demuestra que requiere habilidad en cada participante para inferir el estado mental de la otra persona [89], o análisis de la conducta ante el dilema del prisionero [91]. La relación entre el derecho y la neuroeconomía es estudiada, entre otros, por Chorbat, McCabe y Smith [71], mientras que Glimcher estudia la conducta humana cuando es analizada desde la perspectiva de la teoría de los juegos y la neuroeconomía [74].

i) Finalmente vamos a reseñar un trabajo reciente titulado Neuroeconomía y psicología del negocio de Torben Larsen que plantea un modelo de cerebro para la toma de decisiones que desafía al modelo clásico.

Neuroeconomía y psicología del negocio.

Este articulo se estructura principalmente en tres **puntos:**

1. **Planteamiento.** Se presenta un modelo de cerebro **combinado alternativo al modelo clásico del cerebro.**

2. **Búsqueda.** En base a ese modelo se realiza una búsqueda en una base de datos bibliográ ca de medicina obteniendo unos resultados.

3. **Revisión de resultados de neuroeconomía en la neuroimagen. Se revisan los resultados obtenidos y se plantea el modelo para la toma de** decisiones.

---

i. **Planteamiento**

La subdivisión clásica del cerebro se basa en:

- Cortical (Córtex cerebral) > Función de integración sensorial-motor.

- Subcortical > Sistema nervioso autonómico.

Dos modelos de cerebro alternativos se presentan para desafiar a la subdivisión clásica:

Por un lado el Modelo de cerebro triuno de Mclean donde encontraríamos dos niveles:

- L1_ Sistema reptiliano: asiento de la inteligencia básica (Nivel instintivo)

- L2_ Sistema límbico: asiento de las emociones (Nivel emocional)

Por otro lado, el Modelo CNS (Sistema nervioso central) de Luria donde encontramos otros dos niveles en el neocórtex:

- L3_ Unidad perceptiva-cognitiva (Nivel cognitivo)

- L4_ Integrador ejecutivo frontal (funciones ejecutivas y conductuales)

De la unión de estos dos modelos obtenemos los siguientes niveles del cerebro:

L1: Nivel Instintivo

L2: Nivel Emocional

L3: Nivel Cognitivo

L4: Nivel Ejecutivo

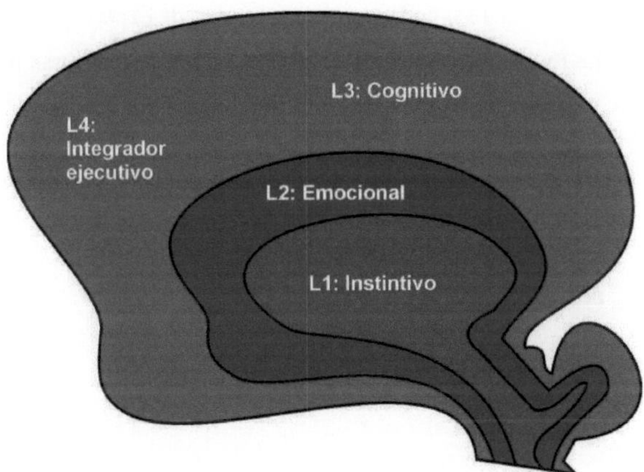

Figura 6.2: Niveles del cerebro

ii. **Búsqueda**

En este punto se realiza una búsqueda en la base de datos bibliográfica médica (MedLine) a partir de una serie de conceptos:

- L1: Paso 1: Formación reticular fMRI Revisión > 219 artículos

- L2: Paso 1: Límbico Dopamina Revisión > 576 artículos
  Paso 2: Cirvunlación del cíngulo fMRI Vía neural > 214 artículos

- L3: Paso 1: Memoria de trabajo fMRI Revisión > 157 artículos
  Paso 2: Experiencia reveladora (No es término del Mesh) > 18 artículos

- L4: Paso 1: Lóbulo frontal fMRI Revisión > 683 artículos
  Paso 2: Neuroeconomía > 112 artículos

iii. **Revisión de resultados de neuroeconomía en neuroimagen.**

L1 El tronco del cerebro es conocido en neurología como la raíz del cerebro representando la base instintiva rectiliana del cerebro. Las estructuras más importantes son:
El sistema reticular ascendente (RAS) que se encarga de activar la corteza cerebral. [Recorrido: Tálamo-Hipotálamo-Corteza]
L1- L2-L3
L2-L4

L2 Sistema Dopaminérgico Mesolímbico (MLDS)
Modula los instintos para reforzar o disminuir la motivación en el aprendizaje así como la toma de decisiones.
VT en L1 - N. Accubens
ACC (L2) - Corteza frontal (L4)

L3 Ayuda a L4 en la cognición a través de experiencias reveladoras.

L4 En L4 la corteza prefrontal media integra las otras partes frontales por volición para minimizar errores entre las preferencias y las predicciones cognitivas.

A continuación se muestra el Diagrama de Flujo de los centros claves de interés para la toma de decisiones.

En la gura 6.3 se resume los resultados de la revisión en relación con 20 centros neuroeconómicos entre L1-L4.

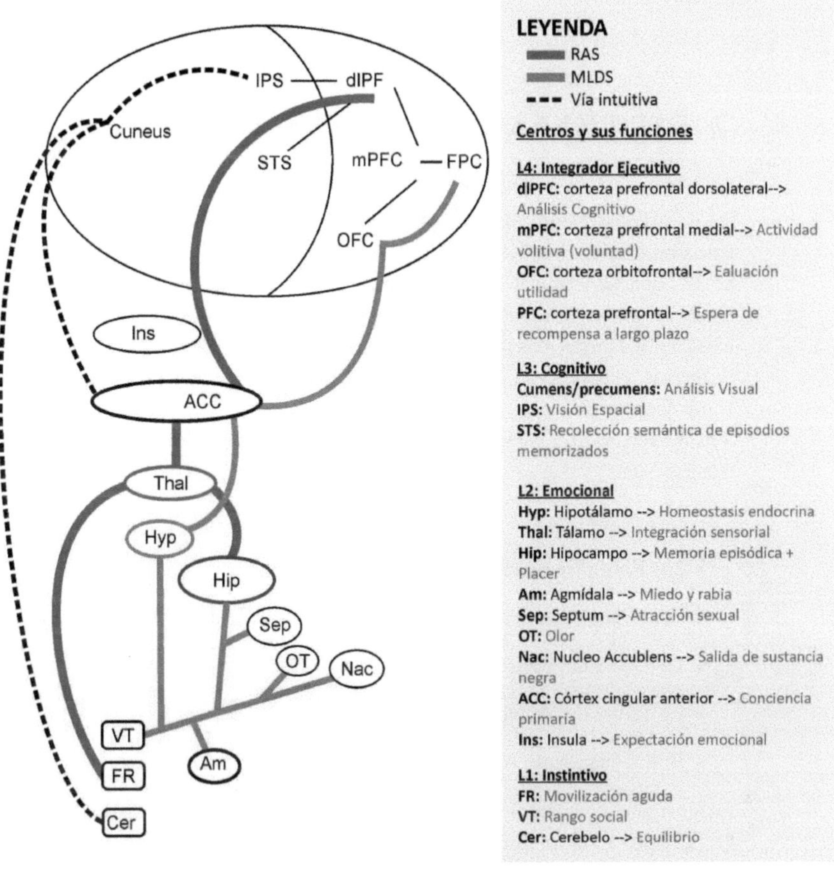

Figura 6.3: Diagrama de flujo de centros claves para la toma de decisiones

7 SISTEMAS NEURO-DIFUSOS

Los sistemas Neuro-difusos forman parte de una nueva tecnología de computación llamada computación f lexible (soft-computing), la cual tiene su origen en la teoría de la Inteligencia Artificial. La computación flexible engloba un conjunto de técnicas que tienen en común la robustez en el manejo de la información imprecisa e incierta que existe en los problemas relacionados con el mundo real (por ejemplo: reconocimiento de formas, clasificación, toma de decisiones, etc.). En algunos casos, las técnicas de computación

Fexible pueden ser combinadas para aprovechar sus ventajas individuales; algunas de estas técnicas son:

- La Lógica difusa.

- Las Redes Neuronales.

- Los Algoritmos Evolutivos o Algoritmos Genéticos.

- La Teoría del Caos.

- La Teoría del Aprendizaje.

- El Razonamiento Aproximado.

En los siguientes apartados se explicarán brevemente las técnicas de Redes Neuronales, Lógica Difusa y la combinación de ambas, por ser las de principal interés en el ámbito de la neurociencia.

7.1. INTRODUCCIÓN A LAS REDES NEURONALES

Las Redes Neuronales Artificiales (RNAs) son la implementación en hardware y/o software de modelos matemáticos idealizados de las neuronas biológicas. Las neuronas artificiales son interconectadas unas a otras y son distribuidas en capas de tal forma que emulan en forma simple la estructura neuronal de un cerebro. Cada modelo de neurona es capaz de realizar algún tipo de procesamiento a partir de estímulos de entrada y ofrecer una respuesta, por lo que las RNA en conjunto funcionan como redes de computación paralelas y distribuidas similares a los sistemas cerebrales biológicos. Sin embargo, a diferencia de las computadoras convencionales, las cuales son programadas para realizar tareas específicas, las redes neuronales artificiales, tal como los sistemas cerebrales biológicos, deben ser entrenadas. En la siguiente tabla se presenta una comparación entre las computadoras Von Neumann, y las redes neuronales artif i ciales:

	Computadora	Red Neuronal Artificial
Procesador	- Complejo - Alta velocidad - Uno o pocos	- Simple - Baja velocidad - Un gran número
Memoria	- Separada del procesador-Localizada - No es direccionable por el contenido	- Integrada en el procesador-distribuida - Direccionable por el contenido
Computación	- Centralizado - Secuencial - Programas almacenados	- Distribuido - Paralelo - Autoaprendizaje
Confiabilidad	- Muy vulnerable	- Robusta
Punto fuerte	- Manipulaciones numéricas y simbólicas	- Problemas de percepción
Ambiente operativo	- Bien de nido - Bien limitado	- Pobremente de nido - Ilimitado

Tabla 7.1: Computadora Von Neumann vs Sistema Neuronal

7.1.1. La Neurona Biológica

El sistema nervioso humano, incluido el cerebro, consiste en la interconexión de millones y millones de pequeñas unidades celulares llamadas neuronas , por ejemplo, sólo la corteza cerebral humana, una capa larga y plana de neuronas de alrededor 2 a 3 milímetros de ancho con un área superficial de aproximadamente 2,200 cm^2, contiene alrededor de cien mil millones (10^{11}) de neuronas.

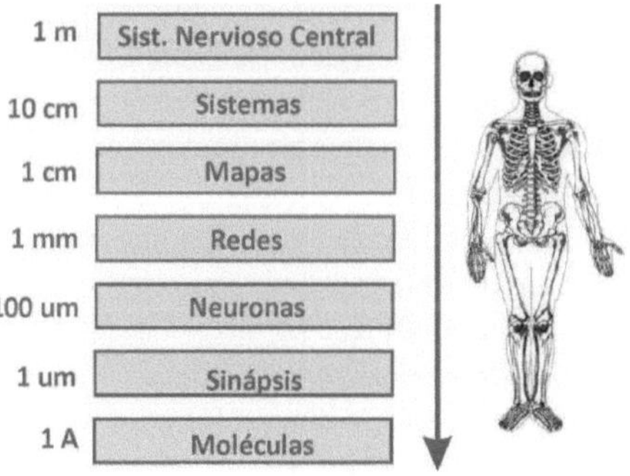

Figura 7.1: Sistema Nervioso

En cuanto a su f i siología, las neuronas constan de un cuerpo celular o soma, en donde se aloja el núcleo de la célula. Del cuerpo de la célula salen ramificaciones de diversas fibras conocidas como dendritas y sale también una fibra más larga denominada axón. En su extremo, el axón también se ramifica en lamentos y sub- lamentos mediante los que establece conexión con las dendritas y los cuerpos de las células de otras neuronas; estas conexiones son conocidas como sinapsis. La comunicación entre neuronas ocurre como resultado de la liberación, por parte de la neurona pre-sináptica, de sustancias químicas con propiedades eléctricas llamadas neurotransmisores y la subsecuente absorción de esas sustancias por parte de la neurona post-sináptica.

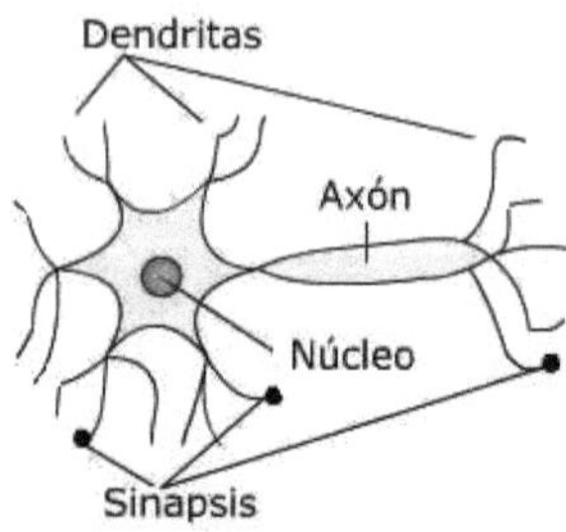

Figura 7.2: Neurona biológica

Aunque la operación de una neurona biológica no está totalmente esclarecida, la mayor parte de los biólogos concuerdan en que la neurona después de recibir entradas a través de sus dendritas, las procesa en su soma, transmite el resultado del cálculo a través de su axón y utiliza las conexiones sinápticas para transportar la señal desde el axón a miles de dendritas pertenecientes a otras neuronas.

7.1.2. Componentes de una Red Neuronal Artificial

Ciertamente existen computadoras que tienen la habilidad de realizar procesamiento paralelo, pero el gran número de procesadores que serían necesarios para imitar el cerebro no puede ser alcanzado con la tecnología de hardware actual; además, la estructura interna de una computadora no puede ser cambiada mientras realiza una tarea. Estos hechos conducen a la utilización de un modelo idealizado de neurona biológica elemental para propósitos de simulación.

Aunque existen diferentes tipos de Redes Neuronales Artificiales todos ellos tienen casi los mismos componentes elementales. Como en el sistema nervioso biológico, una red neuronal artificial está constituida por neuronas que están unidas entre sí a través de conexiones, a las cuales se les asignan valores numéricos o pesos que representan el conocimiento de la Red Neuronal. Al cambiar los valores de los pesos se consigue imitar el cambio en la estructura de las conexiones sinápticas que ocurre durante el proceso de aprendizaje en la red neuronal biológica.

La siguiente gura muestra una neurona artificial idealizada.

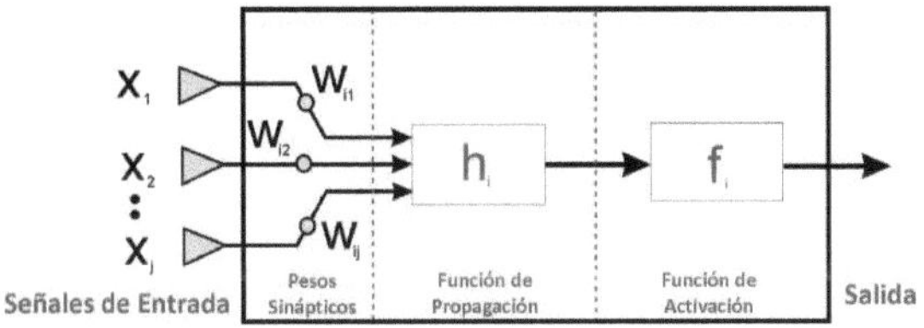

Figura 7.3: Neurona Artificial

Como se puede observar en la gura 7.3 la neurona artificial es similar a su contraparte biológica. La información que conforma un conjunto de entradas $X_j(t)$ es enviada a la neurona a través de sus conexiones con pesos sinápticos W_{ij}, donde el subíndice i representa a la neurona i. Esta entrada es procesada por una función de propagación (por ejemplo: $h_i(t) = (W_{ij} \cdot X_j)$). El resultado es comparado con un valor umbral por la función de activación $y_i(t) = f_i(h_i(t))$ que representa simultáneamente la salida de la neurona y su estado de activación. Sólo si la entrada excede el valor umbral, la neurona se activará, en caso contrario se inhibirá. En una RNA las neuronas suelen estar agrupadas en capas. Se conoce como capa o nivel a un conjunto de neuronas cuyas entradas provienen de la misma fuente, y cuyas salidas tienen el mismo destino. Usualmente cada neurona de una capa está conectada a todas las neuronas de las capas anterior y posterior (excepto en la capa de entrada y en la capa de salida). Las Redes Neuronales permiten resolver problemas que no pueden ser solucionados usando algoritmos convencionales. Tales son usualmente problemas de clasificación u optimización. Los diferentes dominios en los que las redes neuronales son utilizadas, incluyen:

- Asociación de patrones.

- Clasificación de patrones.

- Procesamiento de imágenes

- Reconocimiento de voz.

- Problemas de optimización.

- Simulación.

7.1.3. Tipos de Redes Neuronales

Existen diferentes tipos de redes neuronales y cada uno tiene características especiales, por lo que cada tipo de problema tiene su propio tipo de red neuronal para solucionarlo. Las redes neuronales pueden ser clasificadas según el tipo de aprendizaje, el tipo de aplicación y la arquitectura de la conexión. La siguiente tabla, presenta esta clasificación.

Clasificación por el tipo de Aprendizaje	- Redes neuronales con Aprendizaje Supervisado - Redes neuronales con Aprendizaje no Supervisado - Redes neuronales con Aprendizaje Híbrido - Redes neuronales con Aprendizaje Reforzado - Redes neuronales con Aprendizaje Competitivo
Clasificación por el tipo de aplicación	- Redes neuronales Aproximadoras de Funciones - Redes Neuronales Asociativas o Memorias Asociativas - Redes Neuronales Clasificadoras
Clasificación por la Arquitectura de la conexión	- Redes Neuronales Monocapa - Redes Neuronales Multicapa - Redes Neuronales Realimentadas

Figura 7.4: Tipos de redes neuronales

7.1.4. Arquitectura de Redes Neuronales Artificiales

Diferentes tipos de interconexión implican diferentes comportamientos de la red. Por ejemplo, las redes que tienen flujo de datos unidireccional (feedforward) son estáticas, es decir, producen sólo un grupo de valores de salida en lugar de una secuencia de valores de salida para una entrada dada, además sus salidas no dependen de los valores anteriores de la red. Por otro lado las redes neuronales recurrentes o realimentadas son sistemas dinámicos.

Según la arquitectura de la conexión las redes neuronales se pueden clasificar, entre otras, como: Red Neuronal Monocapa, Red Neuronal Multicapa y Red Neuronal Realimentada.

- Red Neuronal Monocapa

  Las redes monocapa están formadas sólo por una capa de neuronas, y suelen utilizarse frecuentemente en tareas relacionadas con la regeneración de información incompleta o distorsionada que se presenta a la red.

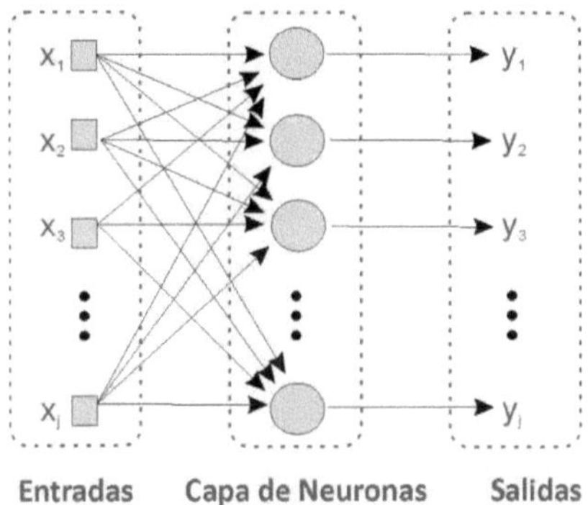

Figura 7.5: Red Neuronal Monocapa

- Red Neuronal Multicapa

  Son las estructuras más comunes; cómo se puede apreciar en la gura 2.5, además de la capas de entrada y salida, poseen un número de capas intermedias u ocultas que mejoran su desempeño.

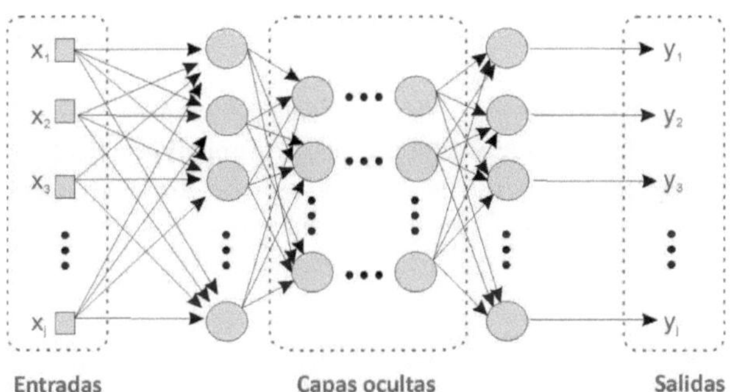

Figura 7.6: Red Neuronal Multicapa

- Red Neuronal Realimentada

  Se caracteriza porque sus salidas pueden ser utilizadas como entradas. La estabilidad de la red es un importante factor a considerar en este tipo de arquitectura.

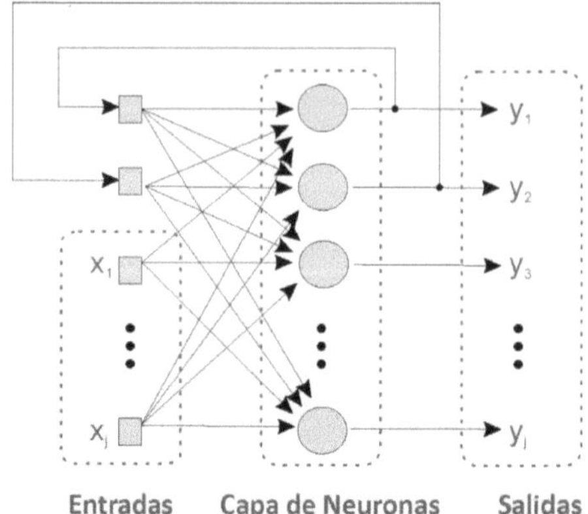

Figura 7.7: Red Neuronal Realimentada

7.1.5. El Proceso de Aprendizaje

Como ya se mencionó, biológicamente se suele aceptar que la información memorizada en el cerebro está más relacionada con los valores sinápticos de las conexiones entre las neuronas que con las neuronas mismas, es decir, el conocimiento se encuentra en las sinapsis y todo proceso de aprendizaje consiste en la creación, modificación y destrucción de estas conexiones entre las neuronas. De forma similar el aprendizaje en las RNA consiste en determinar un conjunto de pesos sinápticos que permita a la red realizar correctamente el tipo de procesamiento deseado, esto se logra a través del entrenamiento de la red. Una vez que la red neuronal ha sido correctamente entrenada será capaz de determinar la salida deseada para las entradas que se le presenten.

7.1.5.1. Tipos de Aprendizaje

Los tipos de aprendizaje son los métodos utilizados para entrenar las RNAs, algunos de ellos son: el aprendizaje supervisado y el aprendizaje competitivo.

- Aprendizaje Supervisado.
  En este caso un agente supervisor externo presenta a la red un conjunto de patrones característicos de entrada junto con la salida que se desea obtener e iterativamente la red ajusta sus pesos hasta que su salida tiende a ser la deseada; para realizar esta tarea la red utiliza información acerca del error que comete en cada paso de entrenamiento.

- Aprendizaje Competitivo
  En el aprendizaje competitivo las neuronas de salida compiten entre ellas para alcanzar el estado de activación. Como resultado sólo una unidad de salida estará activa en algún momento dado. Este procedimiento es conocido como WTA (Winner-Take-all)

7.1.5.2. Algoritmos de Aprendizaje

El tipo de algoritmo de aprendizaje depende esencialmente del tipo de aplicación de la red, así como de su topología. A continuación se describen los algoritmos de Corrección de Error y de Retro-propagación del Error.

- Algoritmo de Corrección de Error

   En el aprendizaje supervisado, se le da a la red una asociación de salidas-entradas. Durante el proceso de aprendizaje, la salida `y' generada por la red puede no ser igual a la salida deseada `d'. El aprendizaje por corrección de error consiste pues, en ajustar los pesos de las conexiones de la red en función de la diferencia entre los valores obtenidos de la red y los valores deseados, es decir, en función del error obtenido en la salida. Un algoritmo simple de aprendizaje por corrección de error podría ser el siguiente.

$$Wij = Wij + <. \; xj \; (di - \; yi)$$

   Donde di es la salida deseada, yi es la salida real de la neurona `i' obtenida una iteración antes, xj es una entrada j-ésima a la neurona `i' y < es la tasa de aprendizaje de la red o constante de velocidad de aprendizaje de la red, el resultado Wij de este cálculo es el nuevo valor que será asignado al peso en la siguiente iteración. El principio esencial de los algoritmos de corrección del error es usar la señal de error (d-y) para modificar los pesos en las conexiones y reducir gradualmente el error.

- Algoritmo de Aprendizaje de Retro-propagación del Error

   El algoritmo de aprendizaje que usa una Red Neuronal Multicapa es la Retro-propagación del Error. La importancia de este algoritmo radica en su capacidad de modificar los pesos de las neuronas de las capas intermedias de la red durante el entrenamiento. La idea central de la retro-propagación del error es calcular los errores para las unidades de las capas ocultas a partir de los errores en las unidades de salida, para luego propagarlos capa tras capa hacia atrás hasta llegar a la capa de entrada, modificando los pesos de las neuronas en cada paso. El algoritmo debe ajustar los parámetros de la red para calcular el gradiente de error y minimizar el error medio cuadrático entre la salida deseada y la salida de la red.

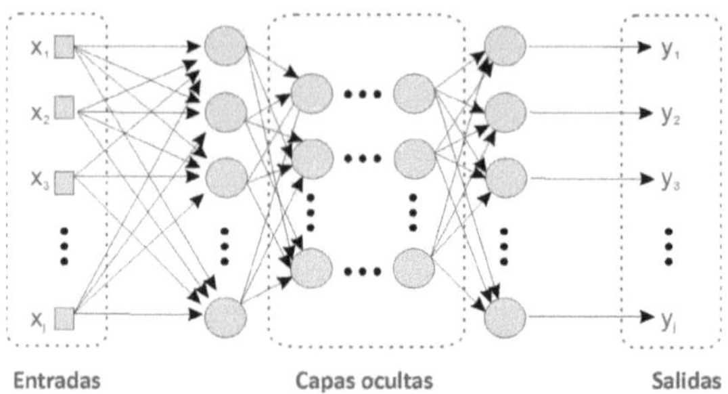

Figura 7.8: Red Neuronal Multicapa

Existen dos diferencias con respecto al algoritmo de corrección de error visto anteriormente: en vez de un valor de entrada se utiliza la activación de la unidad oculta n j como se muestra en la gura 7.8, y la ecuación contiene un término para el gradiente de la función de activación. Si E_{rri} es el error $(d_i- y_i)$ del nodo de salida, donde d_i es la salida deseada e y_i es la salida real, entonces la ecuación de actualización de los pesos del vínculo entre la unidad j y la unidad i es: $W_{ij} = W_{ij}$ +<. n_j . E_{rri} . f'(ent$_i$)

En donde f' es la derivada de la función de activación h con entrada ent$_i$. Si se define el nuevo término de error Δ_i como: $\Delta_i = E_{rri}$. f'(ent$_i$). La ecuación de actualización de los pesos se convierte entonces en: $W_{ij} = W_{ij}$ + <. n_j . -$_i$

Para actualizar las conexiones entre las unidades de entrada y las ocultas, hay que definir una cantidad análoga al término de error de los nodos de salida. Es en este momento cuando se realiza la propagación inversa del error. La idea es que el nodo oculto j es responsable de una parte del error -$_i$ en cada uno de los nodos de salida con los que se conecta. Por lo tanto, los valores son -$_i$ divididos de acuerdo con la intensidad de la conexión entre el nodo oculto y el nodo de salida, y se propagan hacia atrás para proporcionar los valores -$_j$ del estado oculto. La regla de propagación de los valores - es la siguiente:

$$-_j = \text{f'(ent}_j). \odot_i W_{ij} . \Delta_i$$

Ahora bien, la regla de actualización de pesos correspondiente a los pesos que están entre las entradas y el nivel oculto es casi idéntica a la regla de actualización del nivel de salida:

$$W_{j,k} = W_{j,k} + <. x_k . -_j$$

7.2.   INTRODUCCIÓN A LOS SISTEMAS DIFUSOS

Los fundamentos de los sistemas difusos se encuentran en la lógica difusa. La lógica difusa o borrosa es una técnica de computación f l exible que le permite a un computador clasificar información del mundo real en una escala infinita acotada por los valores falso y verdadero; tiene por objetivo proporcionar un soporte matemático formal al razonamiento basado en el lenguaje natural, el cual se caracteriza por tratarse de un razonamiento de tipo aproximado que hace uso de proposiciones que expresan información de carácter impreciso.

Algunas características de la lógica difusa que la hacen de tanto interés son:

- Es fácil de entender, los conceptos matemáticos son bastante sencillos.

- Es flexible, su escalamiento es sencillo. Es tolerante a datos imprecisos.

- Puede modelar funciones no-lineales de complejidad arbitraria.

- Puede ser construida sobre la información de la experiencia de los operarios que manejan el sistema que se desea automatizar.

- Puede ser complementaria a las técnicas de control convencionales.

- Está basada en el lenguaje utilizado por los humanos.

La lógica difusa debe ser distinguida de la incertidumbre en el sentido en que la lógica difusa describe la ambigüedad de un evento, mientras que la incertidumbre la ocurrencia de un evento. Específicamente, el concepto incerteza se refiere a la incerteza estocástica, que se caracteriza por referirse a eventos bien definidos, por ejemplo, la probabilidad de que el motor falle es de 80 %.

La lógica difusa trata con incertezas lingüísticas del tipo: El motor falla constantemente.

Ambas sentencias son muy similares, sin embargo, existe una significativa diferencia en cuanto a la forma de expresar la probabilidad. Mientras en el caso de incerteza estocástica, la probabilidad es expresada en un sentido matemático, en una incerteza lingüística la probabilidad es percibida correctamente sin que haya sido cuantificada.

A continuación se explican algunos conceptos que son de gran utilidad para el estudio de la lógica difusa y la teoría de los conjuntos difusos:

- Universo de Discurso. El universo de discurso denotado por U contiene todos los elementos que pueden ser tomados bajo consideración para asignar valores a las variables del sistema difuso. Los conjuntos difusos toman sus elementos del universo de discurso, por ejemplo el conjunto de gente joven podría tener a todos los seres humanos del mundo como su universo.

- Función de Pertenencia. Todos los elementos dentro del universo de discurso U son miembros de algún conjunto difuso en cierto grado. La función de pertenencia es la curva que define con qué grado cada elemento está incluido en el conjunto difuso. Para la definición de las funciones de pertenencia se utilizan formas estándar como la función triangular, trapezoidal, S, exponencial, singleton,...

- Variables Lingüísticas. Las variables lingüísticas son elementos fundamentales de cualquier sistema de lógica difusa. En ellas se combinan múltiples categorías subjetivas que describen el mismo concepto, así, para el caso de la variable altura existirán las categorías: bajo, mediano, alto y muy alto, que son llamadas términos lingüísticos y representan los posibles valores de una variable lingüística. En un lenguaje más formal, una variable lingüística se caracteriza básicamente por tres parámetros (x, T(x), U) donde x es el nombre de la variable, T(x) es el conjunto de términos lingüísticos de x, y U es el universo de discurso.

- Grado de Pertenencia. Es el grado con el cual una entrada bien definida es compatible con una Función de Pertenencia, puede tomar valores entre 0 y 1. Por ejemplo, el Grado de Pertenencia de x al conjunto difuso alto (A) es representado por la función $_aA(x)$, donde x es un valor numérico de altura dentro del universo U (x   U). El rango de $_a$ es cualquier valor entre 0 y 1, según represente algún valor entre ningún o total grado de pertenencia al conjunto difuso.

- Término. Es una categoría subjetiva de una variable lingüística, y consecuentemente, es el nombre descriptivo usado para identi car una función de pertenencia. Tal como las variables algebraicas toman valores numéricos, las variables lingüísticas toman como valores términos lingüísticos.

- Entradas bien definidas. (Entradas Crisp) Son los diferentes valores discretos de la variable del sistema, por ejemplo las alturas medidas de un grupo de personas: 1.60m, 1.75m, 1.80m, etc. En oposición al concepto de difuso, lo crisp, definido, nítido o preciso no representa ninguna incerteza o imprecisión.

- Rango/Dominio Es el intervalo sobre el cual se define una Función de Pertenencia. Por ejemplo, una función de pertenencia Alto podría tener un dominio de 1.60 a 1.9 m y su rango sería de 0.3 m.

La gura 7.9 muestra gráficamente los conceptos que se acaban de revisar líneas arriba.

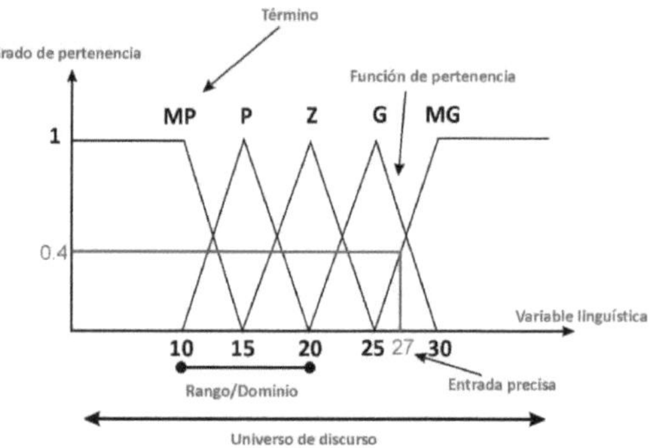

Figura 7.9: Conceptos de lógica difusa

En las siguientes secciones se presentan algunos conceptos resaltantes de la teoría de los conjuntos y la lógica difusos que son necesarios para analizar un Sistema Lógico Difuso (SLD).

7.2.1. Conjuntos Difusos

En teoría clásica de conjuntos, un conjunto tiene unos límites nítidos de nidos (límites crisp). Por ejemplo, el conjunto A de los números más grandes que 8 se representa como:

A = { x/x > 8 }

Sin embargo, según la teoría de los Conjuntos Difusos las vaguedades inherentes a los conceptos manejados por el ser humano, la transición desde pertenecer a un conjunto hasta no pertenecer a un conjunto es gradual. Así, un conjunto difuso (un conjunto sin un límite de nido), contiene elementos sólo con un cierto grado de pertenencia.

A diferencia de los conjuntos clásicos que pueden ser caracterizadas ya sea por sus funciones de pertenencia, una descripción de sus elementos o un listado de sus elementos, los conjuntos difusos sólo pueden ser caracterizados por sus funciones de pertenencia; la única condición que una función de pertenencia debe satisfacer es que debe variar entre 0 y 1; la función en sí misma puede ser una curva arbitraria cuya forma la podemos definir como una función que sea agradable desde el punto de vista de simplicidad, conveniencia, velocidad y e ciencia. Una forma particular para la función de pertenencia puede ser determinada sólo en el contexto de una aplicación particular pero resulta que muchas aplicaciones no son muy sensibles a las variaciones en la forma de sus funciones de pertenencia; en tales casos, es conveniente usar una forma simple, tal como la forma triangular. La gura 7.10 presenta algunas funciones de pertenencia frecuentemente utilizadas:

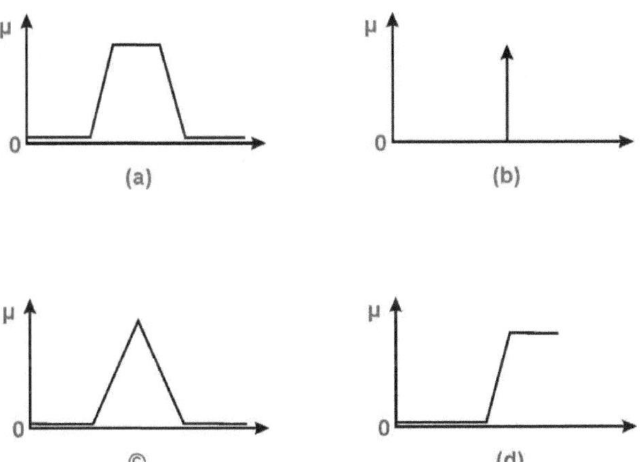

Figura 7.10: Funciones de pertenencia. (a) Tipo trapezoidal. (b) Tipo singleton (c) Tipo triangular. (d) Tipo z.

A los conjuntos difusos se les pueden aplicar determinados operadores, o bien puede realizarse operaciones entre ellos de la misma forma como se hace con los conjuntos crisp o clásicos. En general las funciones que de nen las operaciones entre conjuntos difusos son arbitrarias en un grado sorprendente, lo que significa que uno puede crear sus propios operadores. Los operadores que califican como intersecciones difusas y uniones difusas son referidas como T- normas y T-conormas respectivamente.

Como lo demostró Zimmerman, los pares de T-normas y T-conormas satisfacen las propiedades conmutativas, asociativas y distributivas de los conjuntos clásicos así como las leyes de Morgan.

La bibliografía sobre lógica difusa contiene abundante información en cuanto a la Teoría de los Conjuntos Difusos, donde se abordan temas como relación y composición difusa como extensión de sus contrapartes clásicas.

7.2.2. Lógica Difusa

Los Sistemas Lógicos Difusos son sistemas basados en reglas, las cuales son expresadas como implicaciones lógicas, es decir, en forma de sentencias SI-ENTONCES. La implicación refleja la relación que guarda un hecho derivado de otro y pertenece a una rama de las matemáticas conocida como lógica.

La lógica, en su variante proposicional, tiene su elemento base en la proposición o hecho . Una proposición es una sentencia que involucra términos de nidos y debe ser apropiadamente llamada verdadera o falsa , es decir hay hechos que se cumplen o no. Sin embargo, haciendo una extensión de la teoría de conjuntos difusos, se puede decir que hay hechos que no son necesariamente ciertos o falsos, sino que tienen un cierto grado de verdad. Por ejemplo, hoy hace calor podría ser una oración válida en grado 0.6; así, lo que existe en el mundo no es un hecho, sino el grado de verdad de un hecho, y los seres humanos tiene un grado de certeza del hecho que puede variar entre 0 y 1(falso y verdadero).

Concretamente, se puede decir que una lógica consta de lo siguiente:

- Un sistema formal para describir lo que está sucediendo en un momento determinado, y que consta de:
    - ^ La sintaxis del lenguaje, que explica cómo construir oraciones
    - ^ La semántica del lenguaje, a través de la cual cada oración expresa algo relacionado con el mundo.

- Una Teoría de demostración, que agrupe un conjunto de reglas para deducir las implicaciones de un conjunto de oraciones, y que especifique los pasos de razonamiento confiables.

7.2.3. Sistemas Lógicos Difusos

En general, un Sistema Lógico Difuso (SLD) es un mapeo no-lineal de un vector de datos de entrada con una salida escalar, es decir mapea números con números8 . La teoría de los conjuntos difusos y la lógica difusa establecen las especificaciones de este mapeo no-lineal único, en cuanto es capaz de manejar datos numéricos y conceptos lingüísticos simultáneamente. Los SLD han sido aplicados exitosamente en campos tales como el control automático, clasificación de datos, análisis de decisiones, sistemas expertos y visión por computadora.

7.2.3.1. Etapas de un Sistema Lógico Difuso

Un SLD consta de tres etapas:

- Fusificación

- Reglas de Evaluación

- Defusificación

El esquema se muestra en la gura 7.11.

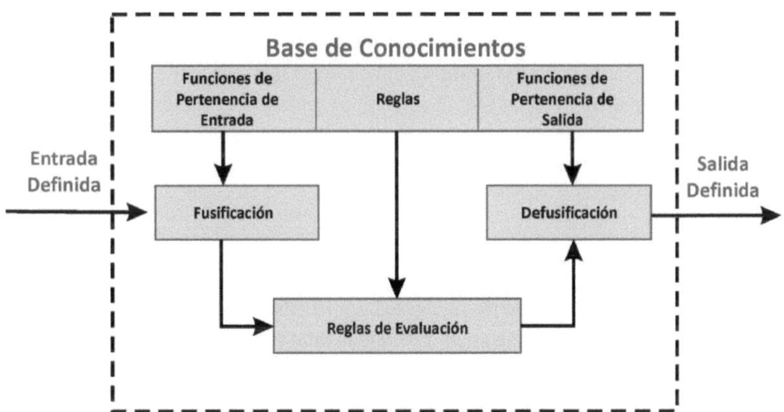

Figura 7.11: Sistema Lógico Difuso

- **Fusificación**

  Los elementos fundamentales en esta etapa son las Funciones de Pertenencia de Entrada. La variable del proceso (entrada definida, no-difusa o crisp) intercepta las Funciones de Pertenencia generando las entradas difusas. Mediante este procedimiento, el fusificador establece una relación entre los puntos de entrada no difusos y sus correspondientes conjuntos difusos en el universo de discurso U.

- **Reglas de Evaluación**

  Las Reglas son sentencias SI-ENTONCES que describen las condiciones (antecedentes) y las acciones (consecuentes) que deben existir para tomar una decisión. La sintaxis de las reglas es la siguiente:

  SI Antecedente 1 Y Antecedente 2 . . . ENTONCES Consecuente 1 Y. . .

  El antecedente de una regla puede tener muchas partes, en tal caso todas las partes del antecedente son calculadas simultáneamente y transformadas en un número utilizando los operadores lógicos descritos en la sección precedente. El consecuente de una regla puede también tener partes múltiples y todos los consecuentes son afectados de la misma manera por el antecedente.

En el caso de lógica proposicional, evaluar las reglas SI-ENTONCES es sencillo. Si la premisa es verdadera, la conclusión es verdadera, por el contrario, se genera un problema cuando el antecedente es difuso, pues no se sabe cómo se verá afectado el consecuente.

Así, las reglas difusas permiten expresar el conocimiento que se tiene acerca de la relación entre los antecedentes y los consecuentes en un cierto grado de verdad. Para expresar este conocimiento de forma completa normalmente se precisa de varias reglas, con pesos asociados, que se agrupan formando una base o bloque de reglas.

Mediante la inferencia los sistemas difusos interpretan las reglas de tipo IF-THEN contenidas en su base de conocimientos, con el n de obtener los valores de salida a partir de los valores que tienen las variables lingüísticas de entrada al sistema. Una vez que las entradas crisp han sido convertidas a variables de valores lingüísticos (fusificación), se utiliza la inferencia difusa para identi car las reglas de tipo SI-ENTONCES que se aplican a la situación actual y se calculan los valores lingüísticos de salida.

La inferencia es un cálculo que consiste en tres pasos: agregación de las variables lingüísticas de entrada, composición o implicación y agregación del resultado.

- ^ Agregación de las variables lingüísticas de entrada. Es el primer paso que se sigue para realizar una inferencia difusa, la agregación determina el grado en el que se cumple la parte SI de la regla. Si la regla contiene varias premisas, estas suelen estar relacionadas por operadores lógicos difusos como T-normas y T-conormas.

- ^ Composición. Es el segundo paso que se lleva a cabo para realizar la inferencia, y es conocida también como implicación difusa. Mediante la composición se comprueba la validez de la conclusión de una regla al relacionar el grado con que se cumple el antecedente de la regla, con el peso de la misma.

- ^ Agregación del Resultado. Ya que las decisiones están basadas en la prueba de todas las reglas que forman un sistema de inferencia difuso los consecuentes de las reglas deben ser combinados de alguna manera para tomar una decisión. La agregación es el proceso a través del cual los conjuntos difusos que representan las salidas de las reglas son combinados en un único conjunto difuso.

- **Defusificación**

  La salida del proceso de inferencia es hasta ahora un conjunto difuso que indica la posibilidad de realizar una acción de control. Sin embargo, las aplicaciones de los sistemas difusos no pueden interpretar los valores lingüísticos obtenidos, por lo que funciones de pertenencia de salida son utilizadas para retransformar los valores difusos nuevamente en valores de nidos o crisp mediante la defusificación.

  Algunos métodos de defusificación existentes son:

  ^ Procedimiento Máximo

  ^ Media Ponderada

  ^ Singleton

  ^ Centro de Masa

  ^ Centro de Área

7.2.4. Introducción a los Sistemas Neuro-difusos

Como se ha visto a lo largo del presente trabajo, la Lógica Difusa y las Redes Neuronales tienen propiedades computacionales particulares que las hacen adecuadas para ciertos problemas particulares y no para otros. Por ejemplo, mientras las redes neuronales ofrecen ventajas como el aprendizaje, adaptación, tolerancia a fallas, paralelismo y generalización, no son buenas para explicar cómo han alcanzado sus decisiones. En cambio los sistemas difusos, los cuales razonan con información imprecisa a través de un mecanismo de inferencia bajo incertidumbre lingüística, son buenos explicando sus decisiones pero no pueden adquirir automáticamente las reglas que usan para tomarlas.

Lógica Difusa	Redes neuronales
Permite utilizar el conocimiento disponible para optimizar el sistema directamente	No existe un método sencillo que permita modificar u optimizar la red, ya que esta se comporta como una caja negra
Permite describir el comportamiento de un sistema a partir de sentencias si entonces	La selección del modelo apropiado de red y el algoritmo de entrenamiento requiere de mucha experiencia
Permite utilizar el conocimiento de un experto	Permite hallar soluciones a partir de un conjunto de datos
El conocimiento es estático	Son capaces de aprender y auto-adaptarse
Existen muchas aplicaciones comerciales	Su aplicación es mayormente académica
Permiten encontrar soluciones sencillas con menor tiempo de diseño	Requieren un enorme esfuerzo computacional

Tabla 7.2: Lógica Difusa y Redes Neuronales

Los sistemas Neuro-Difusos combinan la capacidad de aprendizaje de las RNAs con el poder de interpretación lingüística de los sistemas de inferencia difusos, obteniéndose los siguientes resultados:

- Aplicabilidad de los algoritmos de aprendizaje desarrollados para redes neuronales.

- Posibilidad de promover la integración de conocimiento (implícito que puede ser adquirido a través del aprendizaje y explícito que puede ser explicado y entendido).

- La posibilidad de extraer conocimiento para una base de reglas difusas a partir de un conjunto de datos.

7.3.   SOFTWARES PARA SIMULAR LÓGICA DIFUSA

7.3.1.   ANFIS

ANFIS (Adaptive Neuro Fuzzy Inference System) es un método que permite sintonizar o crear la base de reglas de un sistema difuso, utilizando el algoritmo de entrenamiento de retro-propagación a partir de la recopilación de datos de un proceso. Su arquitectura es funcionalmente equivalente a una base de regalas de tipo Sugeno.

Incorporado en MATLAB

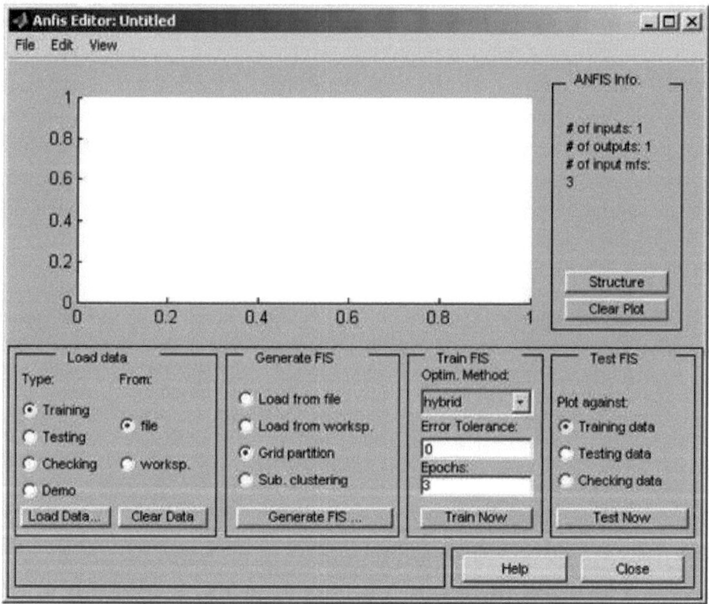

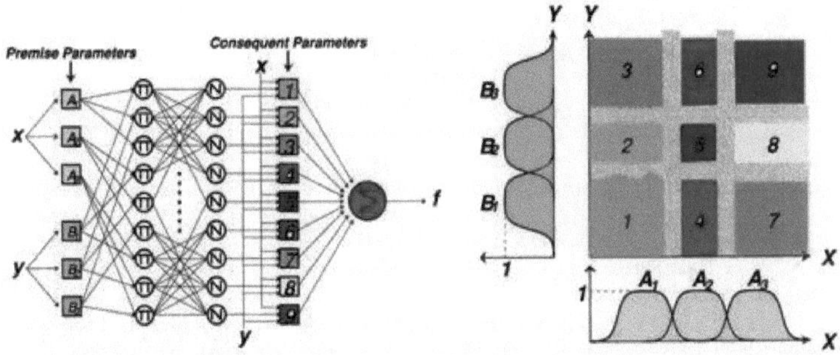

7.3.2. FSOM

FSOM (Fuzzy self-Organizing Maps) consiste en un sistema difuso optimizado a partir de la técnica de los mapas auto-organizados de Kohonen.

Link: http://portal.acm.org/citation.cfm?id=189705

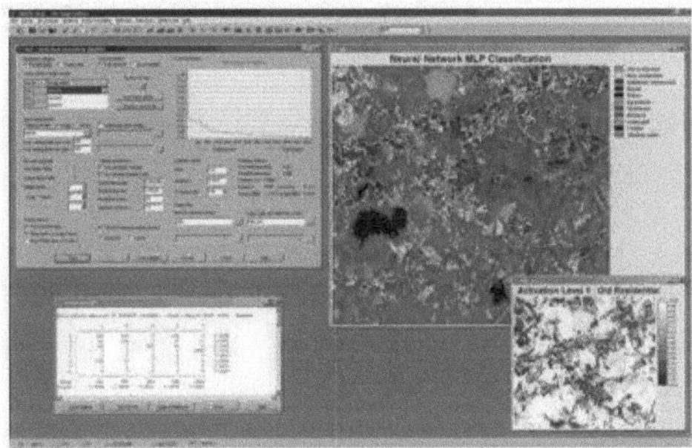

7.3.3. NEFCLASS

El algoritmo NEFCLASS está basado en la estructura del percepton multicapa cuyos pesos modelados por conjunto difusos. Así, se preserva la estructura de una red neuronal, pero se permite la interpretación del sistema resultante por el sistema difuso asociado, es decir, la RNA deja de ser una caja negra .

Link: http://fuzzy.cs.uni-magdeburg.de/nefclass/

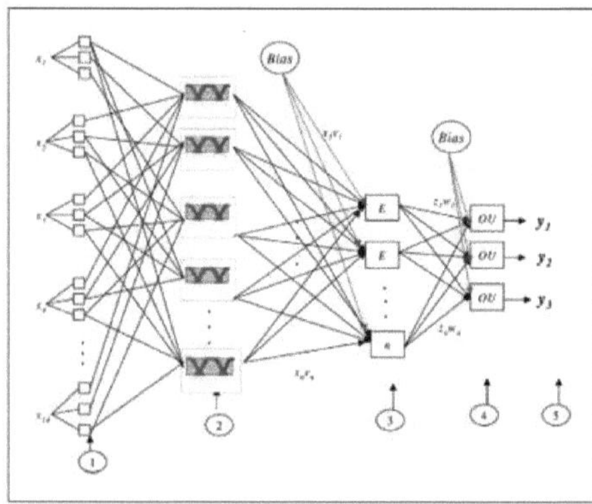

Fig 1. Artificial neural network with backpropagation learning algorithm.

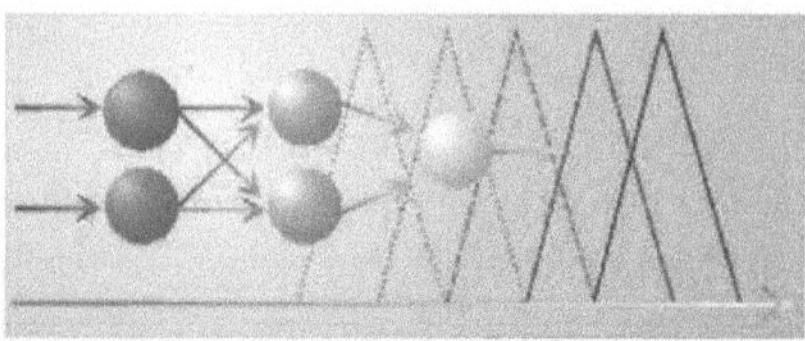

7.3.4. FUZZYTECH

Es un software que propone un método de desarrollo de sistemas de desarrollo de sistemas Neuro-Difuso similar a ANFIS.

Link: http://www.fuzzytech.com/

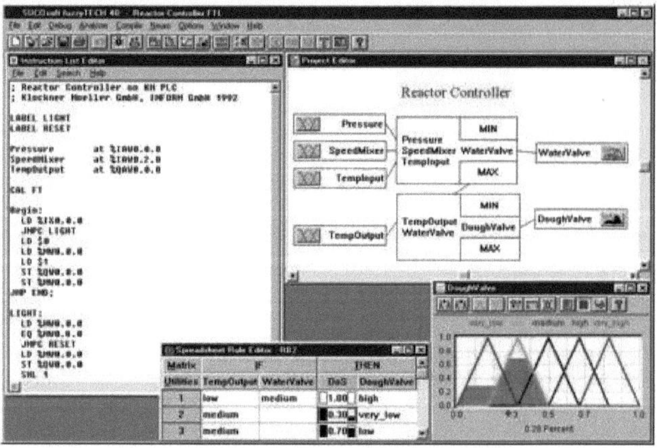

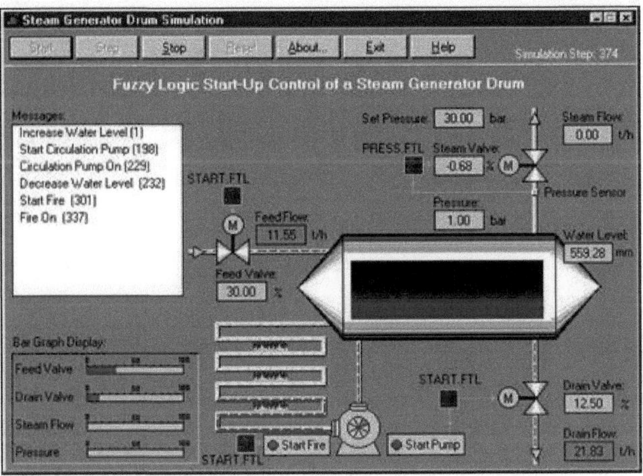

7.4. REVISIÓN BIBLIOGRÁFICA DE REDES NEURODIFUSAS

7.4.1. A methodology of generating customer satisfaction models for new product development using a neuro-fuzzy approach. (Una metodología de generación de modelos de satisfacción de clientes para nuevos productos usando una aproximación neuro-fuzzy). 2009

En el desarrollo de nuevos productos es importante para los equipos de diseño comprender las percepciones de los clientes sobre los productos de consumo ya que el éxito de estos productos depende en gran medida del correspondiente nivel de satisfacción de dichos clientes. La posibilidad de éxito de un producto en el mercado es mayor si los usuarios están satisfechos con ellos.

En este artículo se estudia una metodología de generación de modelos de satisfacción de clientes con un enfoque neuro-difuso. Un ejemplo del diseño de un ordenador portátil se utiliza para ilustrar esta metodología. Además esta metodología se mide en contra de la regresión estadística para determinar su eficacia. Los resultados experimentales obtenidos sugieren que el enfoque propuesto supera al método de regresión estadística en términos de media y varianza de los errores.

La metodología propuesta ha utilizado el sistema de inferencia adaptativa neuro-difusa ANFIS para la generación de las reglas fuzzy basadas en los datos de encuestas de mercados.

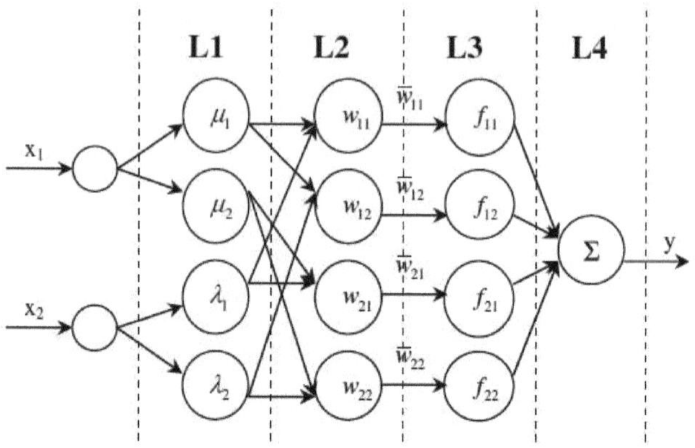

Figura 7.12: Un ejemplo de un ANFIS con 4 capas y dos entradas

a) Generación de reglas fuzzy mediante ANFIS

b) Extracción de reglas fuzzy significativas y modelo interno correspondiente usando una propuesta de método para extracción de reglas.

c) Formulación del modelo de satisfacción del cliente por agregación interna de modelos de reglas fuzzy significativas.

Para aplicar la metodología al caso del ordenador portátil se recibieron 80 cuestionarios que contemplaban aspectos como: calidad, forma, uso, fácil de llevar y aspecto.

7.4.2. A neural network-based approach for product form design. (Redes neuronales basadas en una aproximación para el diseño de la forma de productos). 2002

En este artículos se trata un enfoque basado en redes neuronales para el diseño del producto. Modelos de ordenador, teoría de conjuntos difusos y diferencial semántico, son métodos aplicables a este experimento. Los resultados experimentales son analizados por aplicar redes neuronales realimentadas que establecen relaciones entre la forma del producto y palabras adjetivo de la imagen. Se construye además una base de datos de las conexiones entre el diseño de elementos, imágenes de los productos y reglas de la forma de generación de los construido. Un sistema de diseño asistido por computador fue desarrollado sobre la base de datos.

Con este sistema de diseño, un diseñador puede generar modelos 3D de cualquier producto con diferentes imágenes gracias a los elementos básicos de diseño y las reglas de generación de forma. También el sistema proporciona un renderizado 3D del producto. En este artículo se presenta el diseño de una silla pero por este método se pueden diseñar otro tipo de productos.

Design element	Classification		
Back	1. Square	2. Trapezoidal	3. Round
Seat	1. Square	2. Round	
Back support	1. Ellipsoidal	2. Square	3. None
Armrest	1. L-Shaped	2. T-Shaped	3. Square
Base	1. Slanted type	2. Straight type	

Figura 7.13: Clasificación de elementos de diseño

Figura 7.14: Ejemplos seleccionados en el estudio

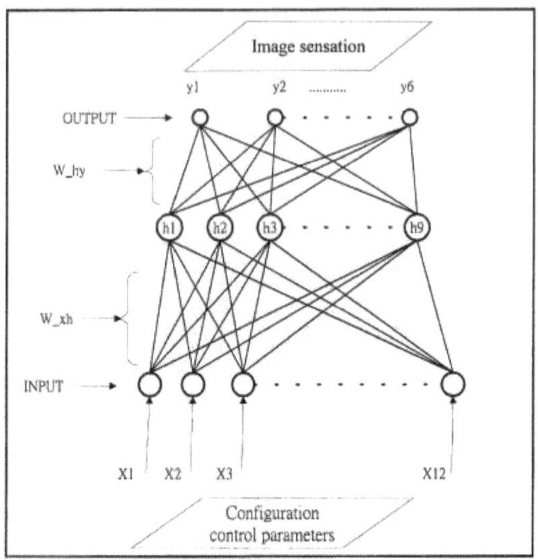

Figura 7.15: Red neuronal basada en la forma del producto

7.4.3. A neuro-fuzzy based approach to affective design. (Una metodología neuro-fuzzy basada en una aproximación al diseño afectivo). 2009

Satisfacer hoy día las necesidades afectivas de los clientes es considerado como un punto clave para el diseño de un producto con éxito. En relación a esto, las relaciones entre la forma física del producto y las respuestas afectivas generadas en relación a ese producto deben ser cuantificadas.

En este artículo se presenta un enfoque para superar este problema basándose en estructuras neurodifusas tipo SI ENTONCES . Para la extracción de las reglas se usa el método neuro fuzzy NEFFCLASS (Clasificación Neuro-Fuzzy). Para la extracción de las reglas nos ayudaremos de técnicas tales como diferencial semántico, toma de decisiones multicriterio y análisis relacionales grises. Para probar la aplicabilidad de esta metodología se ejemplificará con el caso de un teléfono móvil.

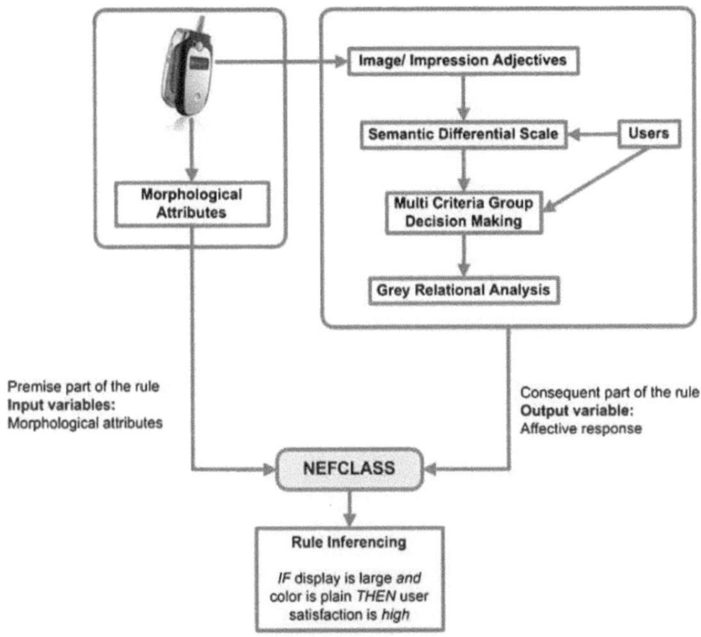

Figura 7.16: Enfoque propuesto para el diseño afectivo

Los resultados obtenidos, muestran que gracias a este enfoque, los diseñadores pueden diseñar productos que satisfagan las necesidades afectivas de sus clientes.

7.4.4.   Applying a hybrid approach based on fuzzy neural network and genetic algorithm to product form design. (Aplicando una aproximación híbrida basada en redes neurológicas fuzzy y algoritmos genéticos para el diseño de la forma de productos). 2005.

Para la generación de nuevos conceptos de diseño, los diseñadores tienden a recurrir a imágenes estereotipadas y a sus propias experiencias personales de diseño. La evaluación de cada candidato individual de diseño en términos de su capacidad de cumplir con las demandas del mercado es un paso crucial en la etapa de diseño conceptual. En este artículo se plantea un método que permite una búsqueda automática de la forma de productos evaluando la forma de los productos mediante redes difusas y algoritmos genéticos.

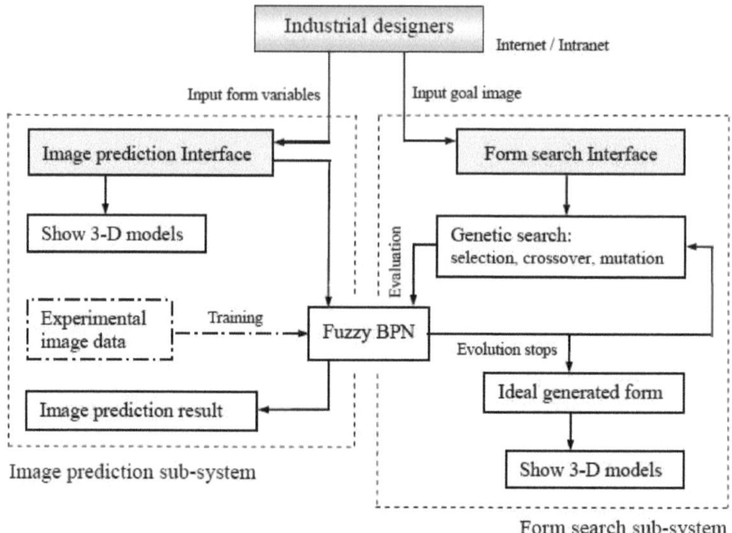

Este método proporciona a los diseñadores un sistema de diseño automático para obtener rápidamente la forma de los productos con su imagen correspondiente, o buscar la forma ideal que se ajuste a una imagen que se desee en el menor tiempo posible.

Este método es igualmente aplicable al diseño de otros productos.

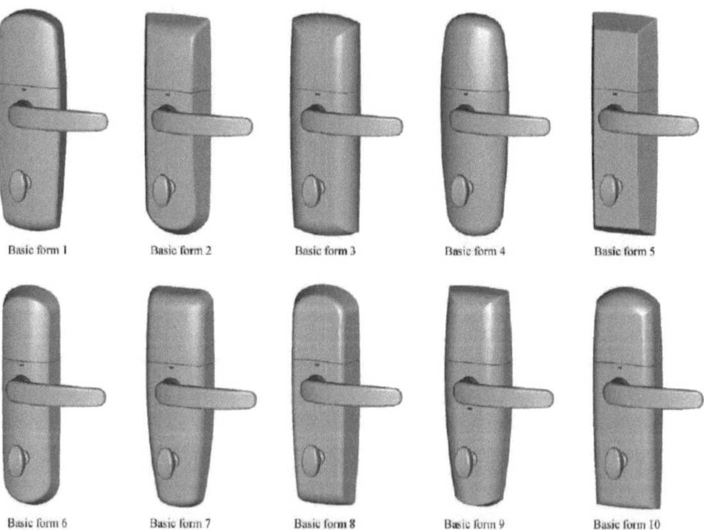

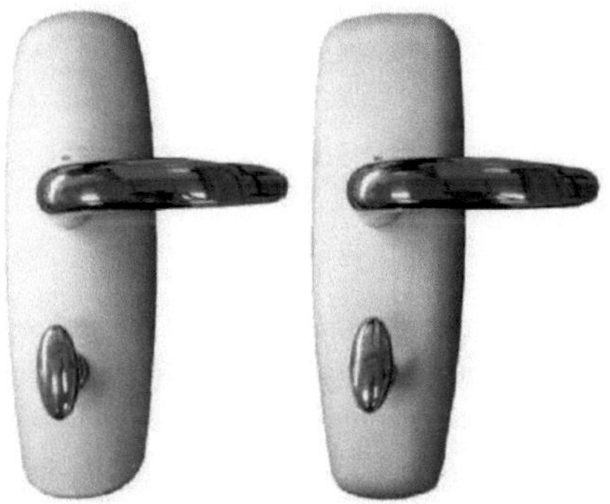

8 NEUROERGONOMÍA

En este capítulo se presenta una breve revisión sobre el concepto de Neuroergonomía, como un nuevo acercamiento a la Ergonomía que relaciona aportaciones de la Ergonomía de la Actividad y de la Neuropsicología para crear un cuerpo teórico y práctico que permita nuevas aplicaciones para diseñar puestos de trabajo más sanos, seguros y productivos.

8.1. INTRODUCCIÓN

Desde el principio de los tiempos el ser humano ha estado envuelto en una interminable batalla contra sí mismo para eliminar un problema harto recurrente, su propio error. La literatura especializada ha recogido en multitud de ocasiones accidentes tan importantes como el ocurrido en Chernobil, donde se constató que el error humano fue la causa originaria de la catástrofe.

Sin duda, actualmente, en el ámbito del diseño de sistemas de hombre-máquina, la expresión latina homo homini lupus , (el hombre es un lobo para el hombre) tenga más relevancia que nunca. Nos encontramos en un momento histórico donde los avances de la técnica han podido contrarrestar, en gran medida, los fallos de los artefactos, sin embargo, es sobre el llamado factor humano[1] sobre el que recae la responsabilidad de la falla ante un sistema que en muchas ocasiones no ha sido pensado para y con él.

La disciplina que tiene por encargo la comprensión para la transformación de los puestos de trabajo de cara a la minimización del error, es la Ergonomía. En este sentido Jacques Leplat define la ergonomía como [. . .] una tecnología cuyo objeto es la organización de los sistemas hombres-máquinas. […] Se ha señalado el carácter multidisciplinario de la ergonomía. En efecto, esta recurre a un gran número de disciplinas: fisiología, psicología, ingeniería, medicina, semiología, etc,…, a las que se podría aplicarse el epíteto de ergonómicas, para designar la parte de su campo que se refiere a la ergonomía . (J. Leplat, 1985) [101]

Desde esta conceptualización, parafraseando a Jacques Leplat, se introduce el concepto de neuroergonomía cognitiva, como el conjunto de conocimientos neuropsicológicos pertinentes al análisis y a la solución de problemas ergonómicos desde el enfoque de la Ergonomía de la Actividad.

Desde el campo de las neurociencias en general y la neuropsicología en particular existen continuas aportaciones sobre el ser humano y su interacción con su contexto. De este

---

[1] es la expresión con la que los ingenieros, los que se ocupan de la confiabilidad de las instalaciones, los especialistas en seguridad de las personas y de las instalaciones, designan el comportamiento de los hombres y las mujeres en el trabajo (Dejours, 1998)

modo, toma de decisiones, percepción de riesgo,… son conceptos que se utilizan desde hace tiempo en la investigación con seres humanos. No obstante, rara vez dichos conceptos son cuestionados, desde este enfoque neuropsicológico en las soluciones aportadas por la Ergonomía. Incorporamos por tanto esta concepción neuroergonómica a sabiendas de que el intento de acceder a una realidad poliédrica, como es el diseño de sistemas hombre-máquina, pasa por el acercamiento desde múltiples ángulos. Es aquí donde la neuroergonomía cognitiva aparece como una disciplina necesaria para la comprensión y la transformación de la actividad humana.

8.2. CONTEXTO CONCEPTUAL

La neuroergonomía cognitiva pretende ser un marco de acercamiento a la actividad humana elaborado a través de elementos de diferentes sistemas comprensivos del fenómeno.

Comenzamos este acercamiento desde el constructivismo, donde se considera que el cerebro no es un mero recipiente donde se depositan las informaciones, sino una entidad que construye la experiencia y el conocimiento, los ordena y da forma, permitiendo de esta forma percibir la realidad gracias a nuestras estructuras mentales. Como indica en este sentido J. Bruner (2004) [102] Conocemos el mundo de diferentes maneras, desde diferentes actitudes, y cada una de las maneras en que lo conocemos produce diferentes estructuras o representaciones o, en realidad, realidades .

En última instancia, el acceso a la realidad, si es que podemos acceder a ella, es emocional, o dicho de otro modo, es la emoción el mecanismo que permite crear los marcos en los que se gesta la particular realidad de cada ser humano.

Otro punto de partida es el concepto de relativismo cultural, que afirma que cualquier acción humana es relativa a un contexto social. Es decir, que ninguna acción humana puede ser extraída de su contexto, a riesgo de perder de vista su significado (Díaz, A., 2005) [103]. Podemos definir el contexto como la dimensión subjetiva que elabora un sujeto de una situación concreta en la que está realizando unas tareas específicas (Cubero y De La Mata. 2005) [104].

En este sentido resulta representativo destacar las aportaciones del enfoque histórico-cultural en psicología (también conocido como sociocultural o psicología cultural) que fue inaugurado por Lev S. Vygotski y desarrollada por psicólogos rusos en el siglo XX.

En toda la psicología histórico-cultural, el concepto de actividad resulta crucial. No se trata de cualquier tipo de acción, sino de actividad social , práctica y compartida; en ella hay intercambio simbólico y utilización de herramientas culturales para la mediación. En la actividad, así entendida, se encuentran las personas adultas y las que no lo son, las personas expertas y las aprendizas. En la actividad se produce la creación de sentido y en ella se integran los aspectos prácticos, emocionales, relacionales y cognitivos.

A.S. Leóntiev desarrolló un estudio sistemático en torno a esta idea de la actividad, dando lugar a lo que hoy se conoce como teoría de la actividad , coherente con la idea de formación material de la mente característica de la psicología histórico cultural (la actividad intelectual no está separada de la actividad práctica):

"si retiráramos la actividad humana del sistema de relaciones sociales y de la vida social, no existiría ni tendría estructura alguna. Con sus diversas formas, la actividad individual humana es un sistema en el sistema de relaciones sociales. No existe sin tales relaciones. La forma específica en la que existe está determinada por las formas y los medios de interacción social material y mental creados por el desarrollo de la producción" (Leóntiev, en Wertsch, 1988, p. 219) [105]

En esta línea, la ergonomía francófona (la Ergonomía centrada en la Actividad basada en las aportaciones de A.S. Leóntiev), no considera las funciones aisladas como único factor a tener en cuenta, sino los comportamientos y los razonamientos como se presentan en las situaciones naturales de trabajo actuales o futuras. No tiene en cuenta al usuario de los dispositivos técnicos, sino a la utilización que de éstos hace el operador. Esta ergonomía evolucionó, sobre todo, a partir de la década de 1980 (aun cuando los trabajos de J.M. Faverge mostraron este camino desde la década de 1950).

La actividad, en este enfoque, son los comportamientos, los razonamientos, los sentimientos del operador en cuanto actor. Un actor que tiene que desempeñar un papel, pero también debe dar una interpretación de ese papel, en función de las situaciones (la ergonomía de la actividad es una parte interesantísima de la revolución contextual como la describió por otro lado J. Bruner). En efecto, en esta perspectiva no hay actividad si a ésta no se la ubica . (Mountmollin, 1999, XII) [106]

El siguiente pilar de la concepción de la actividad humana a través de la Neuroergonomía Cognitiva son las aportaciones que sobre el ser humano realiza la Neuropsicología. Disciplina que estudia las relaciones existentes entre las funciones cerebrales, la estructura psíquica y la sistematización socio-cognitiva en sus aspectos normales y patológicos, abarcando a todos los periodos evolutivos. Esta ciencia, que hunde sus raíces en la Psicología y que forma parte de las llamadas Neurociencias, desempeña actualmente un papel importante en las ciencias del comportamiento humano y en la clínica aplicada. Durante los últimos años sus aportaciones, tanto a través de estudios experimentales, como de estudios de pacientes con daño sobrevenido, han permitido avanzar en el conocimiento de la relación del hombre con su medio, para lo cual, se ocupa básicamente de la actividad biológica relativa al funcionamiento del cerebro, en especial del córtex, así como el estudio de la emoción y los procesos psíquicos complejos-superiores. (Atención, Memoria, Funciones Ejecutivas, Lenguaje,...)

En este apartado debemos hacer mención especial a la persona de Aleksandr Romanovich Luria (1902-1977), catedrático de neuropsicología y psicofisiología en la Universidad Lomonosov de Moscú. Trabajó durante años junto a Alexei Leóntiev y Vygotski, quien ejerció una influencia decisiva en la dirección de sus trabajos. Realizó importantes investigaciones en el campo de la psicología general, la etnopsicología, la psicofisiología y la psicolingüística. Actualmente es considerado como el padre de la Neuropsicología moderna.

Uno de los desarrollos más importantes de la Neuropsicología hace referencia a la comprensión del funcionamiento de unas estructuras, situadas en el cerebro, altamente sofisticadas y de desarrollo tardío denominadas Lóbulos Frontales. Dichas estructuras, están situadas en la parte anterior y constituyen aproximadamente un tercio del cerebro humano, lo que representa el mayor volumen de super cie cortical de todos los mamíferos superiores. Suelen dividirse en dos grandes territorios, corteza frontal y prefrontal, para diferenciar las zonas posteriores y anteriores respectivamente.

Los lóbulos frontales, y sobre todo la región prefrontal (Fuster, 1989) [107], realizan las funciones más avanzadas y complejas del cerebro, las denominadas funciones ejecutivas[2]. Como indica Goldberg (2004), los lóbulos frontales están ligados a la intencionalidad, el propósito y la toma de decisiones complejas. Sólo en los humanos alcanzan un desarrollo significativo; presumiblemente, ellos nos hacen humanos. Toda la evolución humana ha sido clasificada como la edad de los lóbulos frontales . En este sentido A.R. Luria los denominaba el órgano de la civilización .

8.3. ELEMENTOS DETERMINANTES

A continuación se describen algunos de los conceptos centrales a tener en cuenta en el enfoque de la neuroergonomía cognitiva, a desarrollar desde esta perspectiva.

- PERCEPCIÓN DEL RIESGO

En su 4ª Edición del libro Seguridad en el Trabajo , el Instituto Nacional de Seguridad e Higiene en el trabajo expone en relación a los orígenes de los accidentes de trabajo:

[…] Por contrapartida, un exceso de confianza puede contribuir también a que en ocasiones las personas se enfrenten innecesariamente a riesgos, aun siendo conscientes de su existencia. También hay que, a pesar de la existencia del instinto de conservación frente a las agresiones externas que tiene el ser humano, en su proceso de desarrollo personal se han ido creando en el subconsciente una serie de esquemas que pueden actuar erróneamente limitando los mecanismos de autodefensa y cegando las alertas que el individuo podría recibir en situaciones de plena conciencia. Gran parte de las actuaciones de las personas son respuestas derivadas del subconsciente y de la información que llega al nivel de conciencia. Afortunadamente a través de un proceso educacional en el trabajo esto se puede ir corrigiendo […]

De alguna manera, al hablar de exceso de confianza, el Instituto Nacional de Seguridad e Higiene en el Trabajo está re riéndose también a la percepción del riesgo del trabajador. Es obvio pensar que ante una menor percepción del riesgo respecto a una situación, más se bajará el nivel de alerta del trabajador y por tanto, existirá una mayor probabilidad de ocurrencia de un accidente.

---

[2] "... es el constructo cognitivo usado para describir conductas dirigidas hacia una meta, orientadas hacia el futuro, que se consideran mediadas por los lóbulos frontales. Incluyen la planificación, inhibición de respuestas prepotentes, flexibilidad, búsqueda organizada y memoria de trabajo. Todas las conductas de función ejecutiva comparten la necesidad de desligarse del entorno inmediato o contexto externo para guiar la acción a través de modelos mentales o representaciones internas". (Ozono , Strayer, McMahon y Filloux, 1994,p.1015).

Resulta evidente que la percepción del riesgo por parte del operador es determinante a la hora de afrontar situaciones en las cuales un error (el consabido error humano) pueda originar un accidente o una catástrofe. Sin embargo, ¿se tienen en cuenta en los diseños la percepción del riesgo por parte del operador o incluso la variación de ésta debido al proceso de habituación?

En este sentido, según la literatura actual, la evaluación del riesgo se contempla básicamente desde dos perspectivas. Una, donde se considera el riesgo como una característica objetiva de las condiciones de trabajo y otra, donde se considera el riesgo como una valoración subjetiva del trabajador. Estas dos perspectivas consistirían en dos visiones reduccionistas del fenómeno. Tanto el realismo ingenuo (el riesgo como una característica objetiva) como "relativismo cultural" (el riesgo como una valoración subjetiva) no sirven para gestionar el riesgo. El punto de compromiso entre estas posturas extremas pasa por integrar dos aspectos: (1) el componente de subjetividad que comporta toda evaluación de riesgos y (2) la necesidad de procedimientos de medida del riesgo sistemáticos y replicables. (Mariona Portell Vidal NTP 578) [109]. Desde la neuroergonomía cognitiva, sostenemos la posibilidad de creación de tales instrumentos capaces de unificar ambas posturas.

- TOMA DE DECISIONES

En íntima conexión con el concepto anterior, el proceso de toma de decisiones se muestra igualmente determinante a la hora de emprender cualquier estudio sobre el error humano. Dada la ambigüedad inherente a nuestra realidad (multiplicidad de variables), cuando el operador se enfrenta a una situación en la que tiene que decidir qué acción llevar a cabo, no puede descartarse la posibilidad de la falla (el hombre en su continua lucha contra la incertidumbre). En muchos casos, se espera que un buen procedimiento de toma de decisiones debe estar basado en un proceso de razonamiento lógico que lleve al operador a optar por la opción correcta. Sin embargo, los diseños de sistemas hombre-máquina están basados en visiones reduccionistas, donde se presupone que el operador actúa en su puesto de trabajo de forma similar a como resuelve un problema matemático (razonamiento en base a silogismos lógicos).

En este sentido, los trabajos de Tversky y Kahneman (1974) [110] cuestionan la confiabilidad básica de la razón humana y muestran que aun cuando tratamos de ser fríamente lógicos, damos respuestas diferentes al mismo problema cuando éste se plantea en términos ligeramente distintos, es el concepto de la racionalidad restringida. Esto significa que no podemos suponer que nuestros juicios son un buen conjunto de bloques sólidamente estructurados, sobre los cuales basar nuestras decisiones porque los juicios mismos pueden ser defectuosos

Aunque en apariencia, los seres humanos tenemos la capacidad de desarrollar la posibilidad del razonamiento lógico, sin embargo, este mecanismo de toma de decisiones no es el más ampliamente utilizado, incluso en situaciones en las que las circunstancias nos apremian o existen multitud de datos, etc,…es imposible hacerlo, o simplemente, y tal como indica John Austin [111], la mayor parte del discurso humano no se encuentra bajo la forma de preposiciones analíticas o sintéticas veri cables. Y por tanto, no es posible utilizar exclusivamente axiomas lógicos . En estos casos, el ser humano, dispone de otro mecanismo, mucho más antiguo y que posiblemente sea la base de cognición humana. Este mecanismo es la emoción, de la cual hablaremos más adelante y que se sitúa en la base de la actividad humana en general y de la percepción del riesgo y la toma de decisiones en particular.

Tener la capacidad de predecir y de controlar el poder modulador y creador de la emoción en los procesos de percepción de riesgo y toma de decisiones en situaciones de riesgo, implicados ambos en el origen de la falla humana y de los accidentes laborales, constituye una aportación necesaria para poder evitarlos. La neuroergonomía cognitiva pretende rellenar este vacío con propuestas operativas.

- CONCIENCIA DE LA SITUACIÓN

Directamente relacionado con la actividad humana en su contexto, se sitúa el término de conciencia de la situación. La definición más popular y aceptada de este concepto es la que proporciona el investigador norteamericano especialista en factores humanos Mica Endsley, 2000 [112]: "La conciencia situacional es la percepción de los elementos en el entorno existentes en un volumen de tiempo y espacio, la comprensión de su significado, y la proyección de su estatus en el futuro cercano . La percepción, comprensión y proyección son, según la opinión de Endsley, los tres componentes esenciales de la conciencia situacional. Ellos dan soporte al mantenimiento activo de un modelo mental integrado en tres niveles jerárquicos.

Sabemos que los seres humanos perciben estímulos de su contexto de manera diferente en función de la experiencia previa que hayan mantenido con ellos. Por lo tanto, la emoción enlazada a ese estímulo facilita su reconocimiento entre otros. Es decir, el proceso de atención no se convierte en un proceso pasivo sino en un proceso activo, donde el ser humano percibe y da sentido a lo que le rodea en función de su historia experiencial. La neuroergonomía cognitiva permite conocer la saliencia perceptiva que un estímulo provoca en el operador, permitiendo evaluar el primer nivel jerárquico (la percepción) del proceso de conciencia de la situación, de manera que sea posible saber si el operador estará o no predispuesto a tener un problema de conciencia de la situación.

- EMOCIÓN

Ekman (2003) [113] escribe en Emotions Revealed que las emociones determinan la calidad de nuestras vidas . En esta línea, en la actualidad nadie cuestiona el relevante papel de las emociones en la comprensión de la actividad humana. No obstante, durante muchos siglos se han considerado a las emociones como obstáculos que inter eren en el buen juicio.

Y sin embargo, no podemos obviar que somos seres emocionales incluso mucho antes de que el homo fuese sapiens. Las emociones existen desde hace millones de años simplemente porque han resultado útiles para la supervivencia. Vivir sin ellas es una sentencia de muerte en la naturaleza. Gracias a la reacción emocional, nuestro cuerpo y nuestra mente se preparan automática e involuntariamente para responder a una situación de la mejor manera posible. Las emociones afectan a nuestra manera de ser y pensar sobre el mundo. Es más la cognición no es lo primario, sino un derivado de la emoción. De modo que las emociones influyen en la atención, la memoria y el razonamiento lógico.

Se suele decir que las emociones distraen, pero su efecto es el contrario, nos apartan de un pensamiento determinado para prestar atención a otro que emerge como más importante. Nuestro cerebro no está hecho para recordarlo todo. En este caso, las emociones actúan como un criterio excelente para determinar qué datos recordar y a qué prestar atención. Del mismo modo, el proceso de toma de decisiones se ve afectado por las emociones. El neurocientífico A. Damasio demostró que pacientes cuyas lesiones han dañado la zona cortical íntimamente relacionada con las emociones, la corteza prefrontal, son incapaces de tomar decisiones no basadas en la lógica, originando elecciones vitales catastró cas para ellos.

- HIPÓTESIS DEL MARCADOR SOMÁTICO.

Como pilar fundamental en nuestro viaje al entendimiento de la actividad humana en general, y del proceso de toma de decisiones y percepción del riesgo en particular, nos apoyamos en la Hipótesis del Marcador Somático, introducida por Antonio R. Damasio y ampliamente utilizada en psicología, filosofía, antropología y, en general, en el marco de lo que hoy se llama teoría de la mente . Tomamos la hipótesis de Damasio como piedra angular para una ambiciosa empresa: aportar una visión explicativa y aplicada para el estudio de la actividad humana desde el punto de vista de la ergonomía francófona.

Quizá sea exacto decir que el propósito del razonamiento es decidir, y que la esencia de decidir es seleccionar una opción de respuesta, es decir, elegir una acción no verbal, una palabra, una frase o alguna combinación de todo lo anterior, entre las muchas posibles en aquel momento, en conexión con una situación determinada.

Antonio Damasio indica que los términos razonamiento y decisión también implican por lo general que el decidor posee alguna estrategia lógica para producir inferencias válidas sobre cuya base se selecciona una opción de respuesta apropiada, y que los procesos de soporte requeridos para el razonamiento están en su lugar. Entre esto últimos, se suelen mencionar la atención y la memoria funcional, pero no se oye casi nada sobre el mecanismo que genera un repertorio de opciones diversas para su selección.

Las estrategias en la toma de decisiones pueden situarse a diferentes estratos de la consciencia. De hecho existen situaciones en las que para seleccionar una respuesta no utilizamos ni el conocimiento consciente ni una estrategia de razonamiento consciente y otras sin embargo en las que necesitamos derivar consecuencias lógicas a partir de premisas asumidas. Sin embargo, la idea es que a pesar de las diferencias manifiestas y a pesar de los evidentes niveles de complejidad, bien puede ocurrir que a través de todos ellos corra un hilo común en forma de un núcleo neurobiológico compartido. [114].

A la hora de tomar una decisión, los componentes clave se desarrollan en nuestra mente de forma instantánea, esquemática, y en la práctica simultáneamente, demasiado de prisa en muchas ocasiones para que los detalles estén claramente de nidos. Pero antes de aplicar ningún análisis de coste/beneficios a las premisas, y antes de razonar hacia una solución del problema ocurre algo muy importante: cuando el resultado malo conectado a una determinada opción de respuesta aparece en la mente, por fugazmente que sea, experimenta un sentimiento desagradable en las entrañas. De este modo, la hipótesis del marcador somático propone que un estado somático (tanto visceral como no visceral), negativo o positivo, causado por la aparición de una determinada representación, opera no sólo como un marcador para el valor de lo que se representa, sino también como un amplificador para la atención y la memoria funcional continuadas. Los acontecimientos son energizados por señales de que el proceso ya se está evaluando, positiva o negativamente, en términos de preferencias y los objetivos del individuo. La atribución y el mantenimiento de la atención y la memoria funcional no ocurren por milagro. Son motivados en primer lugar por preferencias inherentes al organismo, y después por preferencias y objetivos adquiridos sobre la base de las inherentes. Tal y como reza en los antiguos Upanishads: Lo que no puedes saber en tu cuerpo no puedes saberlo en ninguna otra parte .

El marcador somático consigue forzar la atención sobre el resultado negativo al que puede conducir una acción determinada, y funciona como una señal de alarma automática que dice: atención al peligro que se avecina si eliges la opción que conduce a este resultado. La señal puede llevarnos a rechazar, inmediatamente, el curso de la acción, con lo que hará que elijamos entre otras alternativas.

La idea del marcador somático es compatible con la noción de que el comportamiento personal y social efectivo requiere que los individuos formen teorías adecuadas de su propia mente y de la mente de los demás. Sobre la base de dichas teorías podemos predecir qué teorías están formando los demás de nuestra propia mente. El detalle y la precisión de dichas predicciones son, desde luego, esenciales cuando nos enfrentamos a una decisión crítica en una situación social.

En términos de las cortezas prefrontales, se sugiere que los marcadores somáticos, que operan en el ámbito biorregulador y social alineado con el sector ventromediano, influyen sobre la operación de atención y de memoria funcional dentro del sector dorsolateral, sector del que dependen operaciones en otros ámbitos del conocimiento. Esto deja abierta la posibilidad de que los marcadores somáticos influyan asimismo en la atención y la memoria funcional dentro del propio ámbito biorregulador y social.

En otras palabras, en los individuos normales, los marcadores somáticos que surgen a partir de la activación de una contingencia determinada amplifican la atención y la memoria funcional por todo el sistema cognitivo.

Actualmente la evidencia empírica de la Hipótesis del Marcador Somático viene de los experimentos realizados con el paradigma conocido como Iowa Gambling Task (Bechara, Damasio, Damasio y Anderson, 1994). Esta prueba está basada en la selección de cartas con diferentes recompensas y castigos. Fue desarrollada para estudiar en el contexto del laboratorio, algunos de los aspectos importantes en la toma de decisiones de la vida real: incertidumbre sobre el futuro, carencia de información, falta de relación entre las recompensas inmediatas y las demoradas,... Resumiendo el proceso, los participantes normales usualmente comienzan seleccionando de las cartas malas, pero acaban seleccionando significativamente más cartas buenas. Existe un proceso inconsciente de reorganización hacia una conducta más adaptativa. Pero no sólo ocurre esto, sobre todo es interesante destacar, como la selección de una carta mala es precedida por un incremento mayor anticipado de la conductancia de la piel (Skin Conductance Response SCR) que en la elección de una carta buena (Bechara et al. 1996: 1997) De este modo, estas reacciones aparecen antes en los participantes que la adquisición del conocimiento consciente de la tarea (Bechara et al. 1997), ello fue tomado originariamente como una evidencia de un mecanismo implícito de marcador somático que fue sensible a una mala estrategia. Es decir, el proceso evaluador interno se crea antes de la toma de consciencia. Este hecho genera un punto de inflexión en el análisis de conceptos anteriormente descritos como percepción del riesgo o conciencia de la situación. Dado que los procesos cognitivos estarían precedidos de un sistema evaluador previo que determinaría la acción del operador. Una visión estrictamente cognitiva de estos dos procesos sesgaría la concepción de sistemas de actividad humana con importantes repercusiones negativas a la hora del diseño. La neuroergonomía cognitiva se centra, en consecuencia, en el proceso global de actividad humana, incorporando el eslabón fundamental que falta: el proceso de evaluación emocional como base de los subsiguientes procesos cognitivos (atención, memoria funcional,...).

**RESUMEN DEL CONTEXTO CONCEPTUAL
DE LA NEUROERGONOMÍA COGNITIVA**

- Constructivismo

- Relativismo Cultural

- **Psicología histórico-cultural, el concepto de actividad**

- Ergonomía francófona o centrada en la actividad

- Neuropsicología Cognitiva Hipótesis del Marcador
  Hipótesis de marcador Somático

- ELEMENTOS DETERMINANTES: Error Humano,
  Percepción del Riesgo, Conciencia de la situación,
  Toma de decisiones, Emoción, Atención, Memoria
  funcional

8.4. APORTACIONES DESDE LA NEUROERGONOMIA COGNITIVA

El aporte principal de la neuroergonomía cognitiva es una nueva visión, un nuevo acercamiento que desde la Ergonomía se hace al complejo universo de la actividad humana. Esta nueva concepción pretende introducir en el estudio de la adaptación mutua entre el ser humano y su encuadre o marco (objetos, personas, organización,…), los mecanismos mentales y neuropsicológicos del actor en el proceso de creación de sus representaciones.

Desde el contexto conceptual antes expuesto destacamos del concepto de emoción en el estudio, evaluación y diseño de sistemas de trabajo. En ese sentido, desde la neuroergonomía cognitiva consideramos que, es la emoción la que establece el enlace entre el actor y el contexto, y por tanto, es la emoción la responsable de crear la ubicación o marco, convirtiéndose en el nexo facilitador para la representación mental en base a la cual, el actor ejecutará su acción, convirtiéndose de este modo en una pieza fundamental de la actividad humana.

Como puede observarse en el concepto del Marcador Somático de Antonio Damasio, la emoción desarrolla y se desarrolla en un proceso similar al de Autopoiesis, concepto propuesto por Maturana y Varela, 1971 [115] para designar la organización de los seres vivos. La emoción facilita el ajuste, actualiza la atención y adecua la memoria funcional de manera que el operador desencadena una representación de la situación en función de la cual llevará a cabo su acción. Los resultados obtenidos de la acción llevada a cabo en función de su representación provocarán una modificación en la emoción del operador que provocará un enlace diferente a un nuevo contexto. De este modo, la emoción es creadora

---

del marco del que se va a desarrollar la acción y a su vez es modificada por el curso de la acción (en lo que podríamos llamar como un proceso de retroalimentación dinámica).

Desde este enfoque de la Ergonomía, introducimos una nueva y natural visión del diseño de puestos de trabajo que faciliten la creación de una representación adecuada por parte del operador y sobre todo, encontrar una posible solución a uno de los grandes inductores del error humano, la descontextualización. En este sentido, debemos señalar (tal como preguntábamos al comienzo), que los diseños actuales no tienen en cuenta la percepción del riesgo por parte del operador, es decir, carecen de una perspectiva ecológica del diseño y funcionamiento operativo (evolutivo) del cerebro humano.

Podemos expresar esta idea de diseño natural utilizando un símil con la ergonomía física: Desde la ergonomía afirmamos que el diseño del cuerpo humano no es compatible con la posición sedente, es decir, que la incorporación del artefacto llamado silla no es natural respecto a la estructura humana, provocando efectos nocivos que debemos corregir. De igual modo, en los diseños hombre-máquina debemos tener presente la estructura evolutiva del cerebro humano para poder evitar una interacción incompatible que desencadene, en consecuencia, efectos nocivos.

8.5. APLICACIONES DE LA NEUROERGONOMÍA COGNITIVA

El proceso anteriormente descrito de reorganización hacia la conducta más adaptativa, de carácter inconsciente para el operador, es medible, valorable y modificable por agentes externos, por lo tanto se abren varias líneas de actuación.

a) Se habla incansablemente de la importancia de la información y la formación del operador en Prevención de Riesgos Laborales, pero: ¿es esta formación adecuada, consigue cambiar actitudes hacia un riesgo, hacia una forma de trabajar,…? Hasta el momento era prácticamente imposible saber qué efecto producían los programas formativos o informativos en los trabajadores. La neuroergonomía cognitiva aporta herramientas en este sentido.

b) Gracias a la posibilidad de la medición, podemos determinar grupos de riesgo, sujetos que presentan una percepción del riesgo distorsionada y tratar de modificar esta percepción o readaptar a la persona.

c) Se abre la posibilidad de una medición continua durante procesos de especial sensibilidad (operaciones de control de procesos, conductores de autobús, de trenes, pilotos, controladores aéreos y ferroviarios,. . .) para evitar el problema de la descontextualización. El cerebro humano no está diseñado para realizar tareas monótonas y de falta de cambio por lo que, debido al diseño del cerebro, se desencadena un proceso de economía de recursos apareciendo los conocidos automatismos. En este sentido, definimos la descontextualización como la pérdida de conciencia del marco en el que se realiza la actividad debido a la habituación o pérdida de fuerza del marcador somático. Esta descontextualización permite que la actividad del operador no se adecue al marco y por tanto aparezca la falla. Dos conceptos íntimamente relacionados con el proceso de descontextualización serían la pérdida de conciencia de la situación (Endsley) y Human Out of the Loop. Gracias al marcador somático tenemos la posibilidad de monitorizar este proceso para evitar la aparición de la descontextualización.

d) Conociendo la existencia del fenómeno de la descontextualización en diversos sistemas hombre-máquina, podemos evaluar dichas interacciones para poder lograr diseños que faciliten lo menos posible la aparición de este fenómeno.

8.6. MÉTODOS DE NEUROERGONOMÍA

Se utilizan varios métodos en neuroergonomía. Dos de entre los más importantes son:

- Neuroimagen

- Genética molecular

8.6.1. Neuroimagen

Las técnicas de neuroimagen son hemodinámicas o electromagnéticas
Las hemodinámicas: PET, fMRI, DTCC, NIRS.
Las electromagnéticas: EEG, ERPs, MEG
La Figura 8.1 ilustra las ventajas y desventajas relativas de estas técnicas. El código de colores muestra la facilidad de la ergonomía aplicación, los 'colores más fríos, que representa el aumento de la invasividad, la portabilidad, el costo, y así sucesivamente. Los ejes muestran el equilibrio entre los criterios de resolución espacial y resolución temporal en la medición de la actividad neuronal. En la actualidad, no existe una única técnica que alcance el ideal (círculo azul) de 0.1 mm de resolución espacial, 1 ms de resolución temporal, y la facilidad de uso en neuroergonomía. Por tanto, la mayoría de los investigadores usan múltiples técnicas.

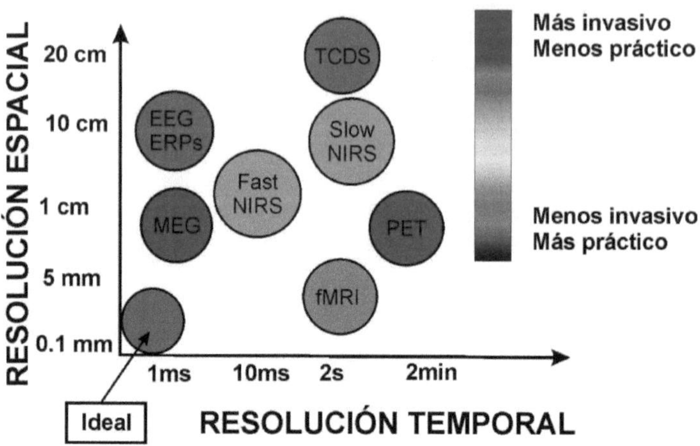

Figura 8.1: Métodos de Neuroimagen para su uso en neuroergonomía

8.6.2. Genética Molecular

Estudios de genética molecular han sacado provecho a la completa decodificación del genoma humano (y sus muchas variantes) y en las pruebas de neuroimagen vinculando las funciones cognitivas a la activación de determinadas redes corticales. Las variaciones de ADN entre las personas hace que un gen pueda afectar a la producción de proteína codificada por el gen y a su expresión en el cerebro, por tanto, en principio puede afectar a la e ciencia en la modulación de las redes neurocognitivas. Los estudios que analizan este enfoque de variaciones en los genes se han asociado a neurotransmisores específicos para el funcionamiento cognitivo.

8.7. REVISIÓN BIBLIOGRÁFICA

Algunos ámbitos de investigaciones en neuroergonomía son:

a) Aviación

b) Conducción
   - Estudios de atención frente a la conducción
   - Validación del diseño interior del vehículo mediante redes neuronales (Proyecto ANNIE > Herramienta de integración ergonómica en el diseño interior de coches)

c) Neuroingeniería

d) Simulación y Realidad virtual

e) Medicina (prótesis, implantes, rehabilitación,) Investigaciones relacionadas con el control neuromotor. En control neuromotor y neurociencia, permite identi car los mecanismos usados por el sistema nervioso central en la implementación y ejecución del movimiento. Centrada en la discapacidad, se puede comportar como una herramienta para identificar las alteraciones en generación y modulación del movimiento debido a diversas patologías del sistema motor.

En neurorrehabilitación permite implementar terapias específicas y permite cuan- ti car, en conjunto con otras herramientas, la recuperación de las funciones motoras durante la terapia.

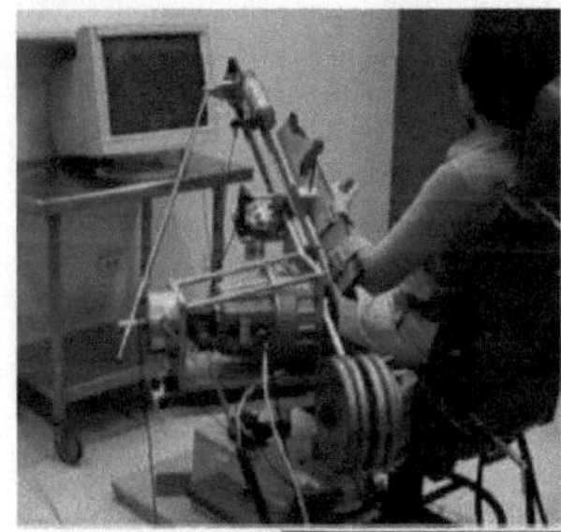
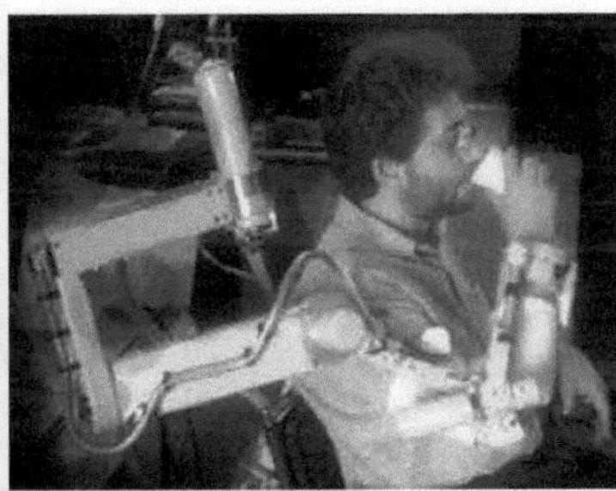
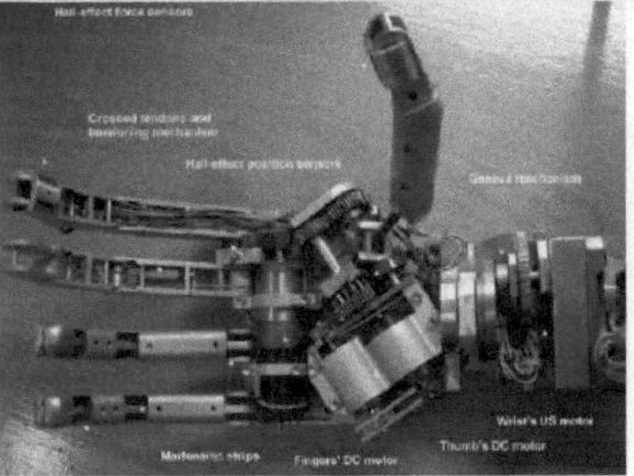

f) Ejército

- Artículo: Neuroimaging and adaptive automation : Enhancing performance of operators supervising multiple unmanned vehicles (Implementación de mejora en la operación de supervisión de vehículos no tripulados).

Si vemos un resumen de la evolución de la robótica prevista hasta el 2020 se puede apreciar el incremento de la autonomía robótica.

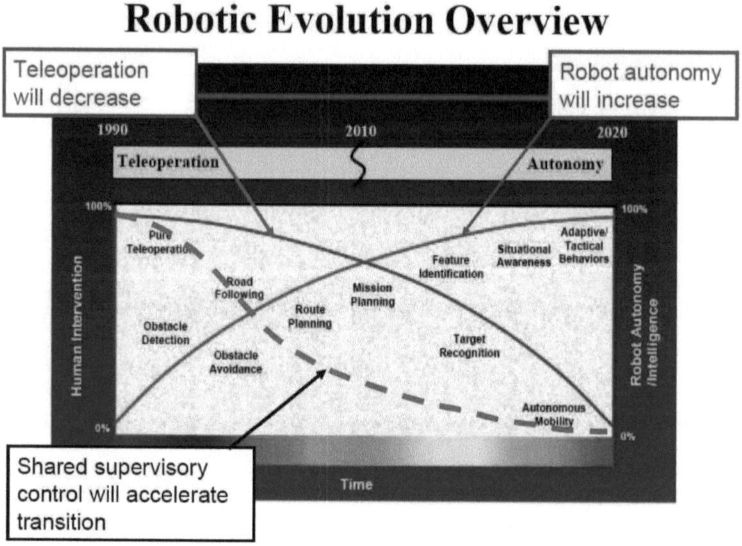

Robotic Evolution Overview

Figura 8.2: Resumen de la evolución de la robótica

Unión de robot-soldados en vehículos no tripulados están siendo introducidos en el ejército con el fin de:

^ Ampliar las capacidades de tripulación

^ Proporcionar flexibilidad táctica

^ Actuar como multiplicadores de fuerza

Objetivo: Mejorar el sistema del soldado al tiempo que optimiza el rendimiento del trabajo.

Enfoque: Adaptación al uso de la automatización para prestar apoyo al soldado donde y cuando sea necesario.

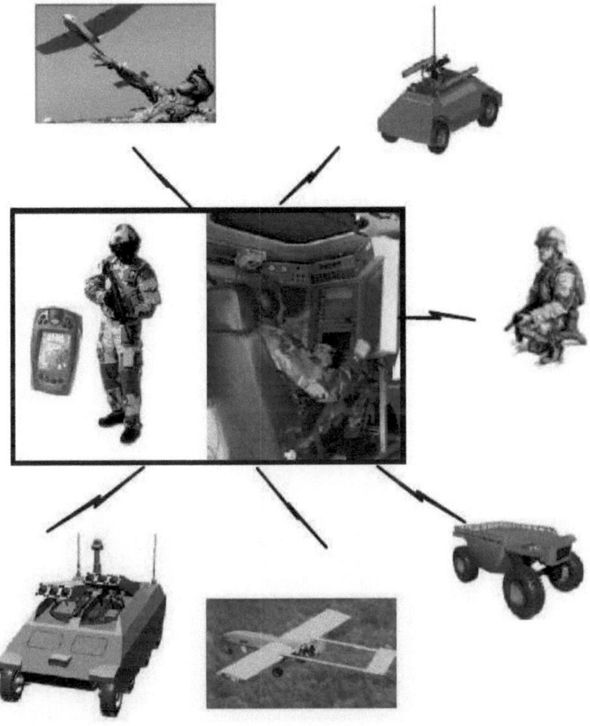

Una aproximación a la automatización en la que la "división del trabajo" entre humano y la máquina es flexible y dependiente del contexto.

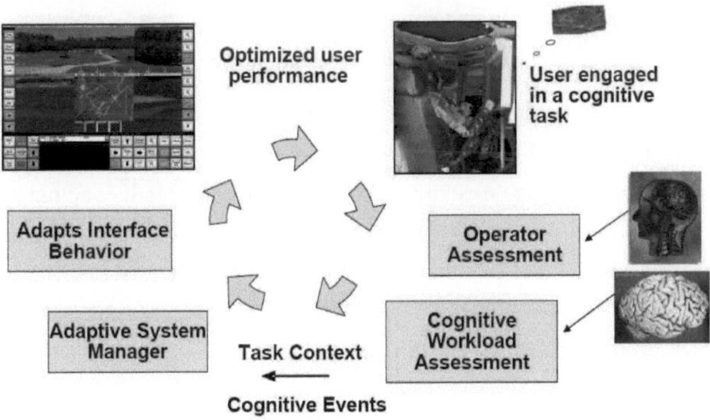

Factores desencadenantes para la adaptación a la automatización:

^ Los eventos críticos

^ Fase de misión

^ Rendimiento del operador

^ Modelo de usuario

^ Estados neurocognitivos del operador (atención, la carga de trabajo, conocimiento de la situación, fatiga,...)

Simulación en el laboratorio

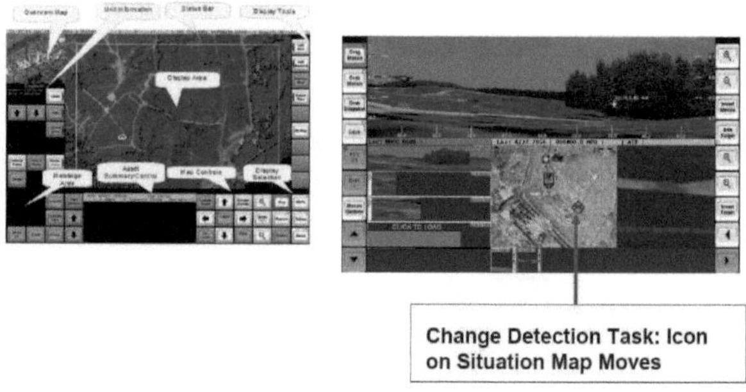

- Reconocimiento, vigilancia y adquisición de blancos.

- Con o sin apoyo automático.

- Monitorización de vehículos aéreos no tripulados.

- Detección de cambio de tarea secundaria.

Prueba de la eficacia de la adaptación a la automatización

- Manual > no hay apoyo.

- Automatización estática > reconocimiento de objetivos automáticos en medio de una misión de reconocimiento simulada.

- Adaptación a la automatización > reconocimiento de objetivos automáticos en medio de una misión simulada.

Efectos de adaptación a la automatización en situación consciente y carga de trabajo.

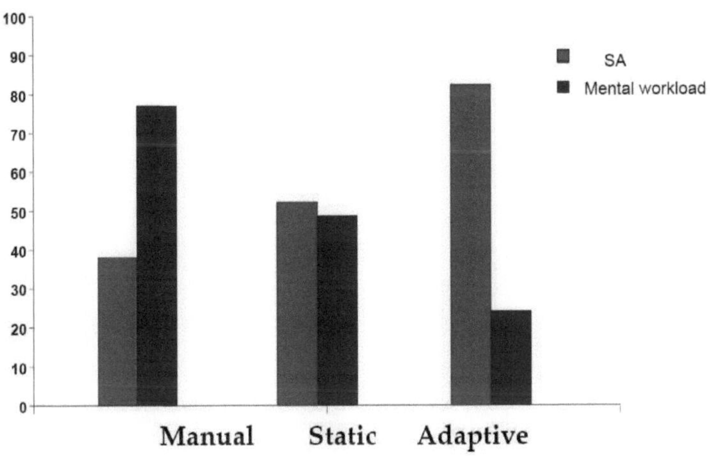

Mejora de la atención relacionada con elementos potenciales del cerebro.

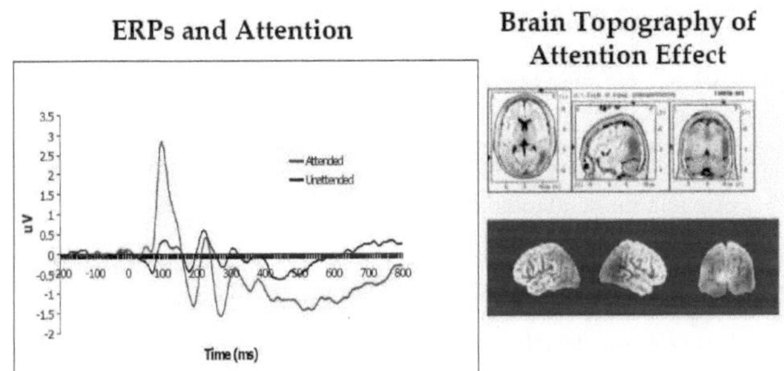

Efecto de la adaptación a la automatización.

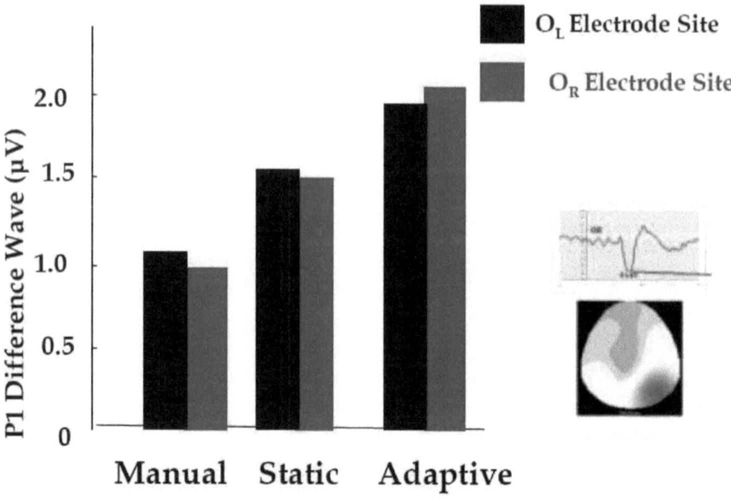

Conclusiones:

- La adaptación a la automatización detecta cambios en el rendimiento del operador durante al aumento o reducción de la carga de trabajo

- Las medidas sobre la atención en el cerebro proporcionan evidencias para la eficacia de la adaptación a la automatización.

- Un enfoque neuroergonómico frente a la adaptación a la automatización contribuye a mejorar las sinergias entre el hombre y la máquina.

En el ejército, la aplicación de la neurociencias es apropiada ya que examina funciones cognitivas complejas de los humanos en un trabajo real además de poder reportar grandes beneficios en la mejora del soldado y el rendimiento del sistema.

8.8. TRABAJOS FUTUROS

Hoy en día la ergonomía cognitiva es una disciplina en la que trabajan profesionales con antecedentes de trabajo interdisciplinario en el diseño de los sistemas socio-técnicos con el objetivo común de adaptar éste a las necesidades humanas y al bienestar de las personas. Este trabajo se lleva a cabo a la vez que participan en las actividades de las asociaciones científicas internacionales como la IEA, HFES, EACE, así como la Asociación Internacional de Psicología Aplicada (IAAP). Los informes sobre investigaciones y aplicaciones de la ergonomía se encuentran en un buen número de revistas con gran impacto, como - "Ergonomics", "Human Factors", "Le travail Humain", "Human Technology", y "Cognitgion, Technology and Work", por nombrar sólo unos pocos.

La agenda futura de investigación y las aplicaciones de la ergonomía cognitiva se actualiza continuamente con el objetivo de mejorar la tecnología y su aplicación a resolver los problemas que la sociedad tiene. Se entiende que el objetivo final del desarrollo tecnológico es encontrar soluciones para hacer frente a los desafíos como los factores humanos que fueron cuidadosamente enumeradas en vísperas del nuevo milenio. En primer lugar, se espera que exista una mayor convergencia de las tecnologías básicas, con la consiguiente mejora del rendimiento humano. Debemos esperar que la evaluación de usabilidad de los artefactos sea pronto una herramienta predictiva con una mayor base científica que sirva para mejorar el uso de los éstos. También se espera que haya una proliferación de formas completamente nuevas de las interfaces y artefactos. Algunos de ellos pueden tener dimensiones nanométricas que cumplan sus funciones dentro de la maquinaria molecular de los procesos cognitivo-afectivos humanos. Con una alta probabilidad, la Neuroergonomía dejará de ser considerada como una joven "de la ciencia de lo artificial", tal vez combinándose con algo como la ergonomía computacional. Aunque, debido al ritmo desigual en el desarrollo de algunas áreas de la ergonomía cognitiva seguirán existiendo dominios donde la gente todavía tenga que realizar trabajos duros, complejos, bajo una enorme presión temporal. Sin embargo, los ergónomos cognitivos siguen trabajando duro para mejorar estas condiciones.

Todos estos desarrollos que se deben al deseo de responder directamente a las necesidades de las personas o son impulsados por la lógica inherente en el desarrollo de la ciencia y la tecnología, tienen una enorme influencia en nuestra vida. La influencia futura en la vida cultural y política de transformación de la sociedad humana será comparable con el impacto que la introducción de Internet y comunicaciones móviles ha tenido durante las últimas dos décadas. Con su trabajo al servicio de la sociedad, los expertos en ergonomía y factores humanos, evidentemente, tienen una mirada atenta sobre todo en el lado humano de nuestra interacción con las máquinas, ordenadores y otros artefactos cada vez más sofisticados. Queda la esperanza de que sus esfuerzos profesionales se traducirán en una mejor aplicación de la peculiaridades, necesidades y valores de las personas en los próximos años.

9 CONCLUSIONES

Como hemos visto a lo largo de este trabajo, la neurociencia estudia como plasmar las emociones del consumidor debido a que se ha detectado la dificultad de éste a la hora de expresar las razones emocionales que generan sus hábitos de consumo, y sus reacciones ante los distintos estímulos. Además hemos de tener en cuenta que muchas de las decisiones de los consumidores se basan en sensaciones puramente subjetivas, y estas sensaciones están vinculadas a los estímulos sensoriales que se activan en el momento del consumo.

La aplicación de la neurociencia en diferentes ámbitos está en auge. Se han realizado cientos de estudios sobre el tema y se han generado una gran cantidad de hallazgos y conocimientos. Sin embargo, esta enorme fuente de información resulta muy difícil de interpretar. Algunas conclusiones breves y poco claras pueden llevar a interpretaciones erróneas.

Otro factor muy importante a tener en cuenta es el elevado coste de realización de cualquier estudio neurocientífico. Todo el material, de tecnología avanzada, solo está al alcance de unos pocos y se requiere un gran presupuesto para poder disponer de él.

Estas aplicaciones destinadas a conocer el cerebro humano provocan muchas reacciones, algunas de ellas en contra de la finalidad de esta ciencia.

Si bien es cierto que un análisis en profundidad de cómo funciona el cerebro del consumidor y como éste lleva a cabo el procesamiento de la información, puede ser de interés para orientar por ejemplo el diseño de nuevos productos. Con esto podemos introducir otra de las grandes disciplinas que se apoya sobre las bases de la neurociencia como es el NEURODISEÑO.

El objetivo del neurodiseño es conseguir diseñar productos basándose en estudios neurocientíficos hechos sobre los consumidores. Esto nos permitirá presentar posibles metodologías de diseño de productos basándose en los resultados obtenidos.

En el aspecto del diseño de productos basado en neurociencia (neurodiseño) las emociones, como hemos visto a lo largo del trabajo, juegan un papel muy importante en el comportamiento del individuo y en sus decisiones de compra pero son también de naturaleza variable y subjetiva. Cada persona es diferente y sus emociones son diferentes. De la misma manera que es posible que un individuo sienta sensaciones y emociones diferentes ante un mismo estímulo dependiendo del momento y la situación en la que se encuentra.

En mi opinión, aun teniendo en cuenta todos estos factores, la valoración sobre investigación de nuevos recursos siempre es positiva. La ciencia avanza muy deprisa y sus descubrimientos nos permiten cambiar la perspectiva que tenemos de ciertas afirmaciones que hasta el momentos no nos cuestionábamos. La investigación implica interés y gracias a ello evolucionamos.

Tras toda la bibliografía revisada a lo largo de este trabajo, podemos hacer una pequeña reflexión de que es lo que podrían aportar algunas de las disciplinas consideradas a lo largo de este trabajo en el ámbito del diseño.

DISCIPLINA	POSIBLES ÁMBITOS DE APLICACIÓN AL DISEÑO
NEUROERGONOMÍA	▪ Diseño para discapacitados ▪ Usabilidad de productos ▪ Diseño de puestos de trabajo ▪ Diseño de interfaces ▪ Estudios biomecánicos
NEUROMARKETING	▪ Diseño de logotipos ▪ Diseño de productos ▪ Diseño de envases y embalajes ▪ Diseño para la personalidad de productos ▪ Diseños publicitarios ▪ Diseño de interfaces
NEUROECONOMÍA	▪ Toma de decisiones
NEURO-FUZZY	▪ Diseño neuroformal de un producto ▪ Diseño para la personalidad de productos ▪ Diseño conceptual

9.1. Bibliografía

[1] Whittle,Sarah; Yücela, Murat; Yapa, Marie B.H.; Allena, Nicholas B. Sex differences in the neural correlates of emotion: Evidence from neuroimaging . Biological Psychology (2011) http://www.sciencedirect.com/science/article/pii/S0301051111001384

[2] Neuromarketing. Ciencia al Servicio de la Mercadotecnia. [En línea]: http://www.puromarketing.com/

[3] Olamendi, G. (2011). Neuromarketing. [En línea]:
www.estoesmarketing.com

[4] Monge, S. (2009) ¿Quién está usando el neuromarketing?
[En línea]: http://neuromarca.com/

[5] Monge, S. (2009). Sony Bravia y el Neuromarketing. [En línea]:
http://www.tallerd3.com/

[6] Monge, S. (2009) ¿Quién está usando el neuromarketing? [En línea]:
http://neuromarca.com/blog/quien-esta-usando-neuromarketing/

[7] (2010). Neuromarketing: ¿Qué nos impulsa a comprar? [En línea]:
http://www.marketingdirecto.com/

[8] Braidot, N. (2005). Producto y marca según el Neuromarketing. [En línea]:
http://www.infobrand.com.ar/contenidos/home.html

[9] López, V. (2009). ¿Control subliminal de nuestras conductas?. [En línea]:
http://www.prime.edu.co/

[10] (2009). Aplicando el Neuromarketing al Packaging. [En línea]:
http://www.marketingdirecto.com/

[11] (2009). Henkel Mejora sus Ventas con el Neuromarketing. [En línea]:
http://www.marketingdirecto.com/

[12] Arnedo, M., Espinosa, M., Ruiz, R., Sánchez-Álvarez, J.C. (2006). Intervención neuropsicológica en la clínica de la epilepsia. Revista de Neurología, 43(1), 83-88.

[13] Bartrés-Faz, D., Junqué, C., Tormos, J.M. y Pascual-Leone, A. (2000). Aplicación de la estimulación magnética transcraneal a la investigación neuropsicológica. Revista de Neurología, 30(12), 1169-1174.

[14] Bastings, E.P., Greenberg, J.P., Good, D.C. (2002). Hand motor recovery after stroke: a transcranial magnetic stimulation mapping study of motor output areas and their relation to functional status. Neurorehabilitation and Neural Repair, 16, 275-282.

[15] Calvo-Merino, B. y Haggard, P. (2004). Estimulación magnética transcraneal. Aplicaciones en neurociencia cognitiva. Revista de Neurología, 38(4), 374-380.

[16] Campo, P., Maestu, F., Ortiz, T., Capilla, A. y Fernández, A. (2005). Activity in the human medial temporal lobe associated with encoding process in spatial working memory revealed by magnetoencephalography. European Journal of Neuroscience, 21, 1741-1748.

[17] Cruz, G.A. y Vadillo, F.J. (2005). Epilepsia y discapacidad. Barcelona: Viguera.

[18] Davranche, K., Tandonnet, C., Burle, B., Meynier, C., Vidal, F. y Hasbroucq, T. (2007). The dual nature of time preparation: neural activation and suppression revealed by transcranial magnetic stimulation of the motor cortex. European Journal of Neuroscience, 25, 3766-3774.

[19] Detsch, O. y Kochs, E. (1997). E ects of ketamine on CNS-function. Anaesthesist, 46, S20-29.

[20] Eisen, A. (2001). Clinical electrophysiology of the upper and lower motor neuron in amyotrophic lateral sclerosis. Seminars in Neurology, 21, 141-154.

[21] Epstein, C.M. (1998). Transcranial magnetic stimulation: language function. Journal of Clinical Neurophysiology, 15, 325-332.

[22] Epstein, C.M., Sekino, M., Yamaguchi, K., Kamiya, S. y Ueno, S. (2002). Asymmetries of prefrontal cortex in human episodic memory: e ects of transcranial magnetic stimulation on learning abstract patterns. Neuroscience Letters, 320, 5-8.

[23] Fitzgerald, P.B., Fountain, S. y Daskalakis, Z.J. (2006). A comprehensive review of the e ects of rTMS on motor cortical excitability and inhibition. Clinical Neurophysiology, 117, 2584-2596.

[24] Goldberg, E. (2002). El cerebro ejecutivo. Barcelona: Crítica.

[25] Hallet, M. (1996). Transcranial magnetic stimulation: a tool for mapping the central nervous system. Electroencephalography and Clinical Neurophysiology. Supplement, 46, 43-51.

[26] Herdmann, J., Lumenta, C.B., Huse, K.O. (1993). Magnetic stimulation for monitoring of motor pathways in spinal procedures. Spine, 18, 551-559.

[27] Inghilleri, M., Berardelli, A. Marchetti, P. y Manfredi, M. (1996). E ects of diazepam, baclofen and thiopental on the silent period evoked by transcranial magnetic stimulation in humans. Experimental Brain Research, 109, 467-472.

[28] Junqué, C., Bruna, O. y Mataró, M. (Eds.) (2004). Neuropsicología del lenguaje. Barcelona: Masson.

[29] Junqué, C. y Jurado, M.A. (1994). Envejecimiento y demencias. Barcelona: Martinez Roca.

[30] Kähkönen, S. y Ilmoniemi, R.J. (2004). Transcranial magnetic stimulation: applications for neuropsychopharmacology. Journal of Psychopharmacology, 18, 257-261.

[31] Kähkönen, S., Komssi, S., Wilenius, J. y Ilmoniemi, R.J. (2005). Prefrontal TMS produces smaller EEG responses than motor-cortex TMS: implications for rTMS treatment in depression. Psychopharmacology, 181, 16-20.

[32] Kammer, T. y Nusseck, H.B. (1998). Are recognition deficits following occipital lobe TMS explained by raise detection thresholds? Neuropsychologia, 36, 1161-1166.

[33] Kirton, A., Chen, R., Friefeld, S., Gunraj, C., Pontigon, A. y deVeber, G. (2008). Contralesional repetitive transcranial magnetic stimulation for chronic hemiparesis in subcortical paediatric stroke: a randomised trial. Lancet Neurology, 7, 507-513.

[34] Krings, T., Naujokat, C. y von Keyserlingk, D.G. (1998). Representation of cortical motor function as reveled by stereotatic transcranial magnetic stimulation. Electroencephalography and Clinical Neurophysiology, 109, 85-93.

[35] Lefaucheur, J.P., Drouot, X., Von Raison, F., Ménard-Lefaucheur, I., Cesaro, P. y Nguyen, J.P. (2004). Improvement of motor performance and modulation of cortical excitability by repetitive transcranial magnetic stimulation of the motor cortex in Parkinson's disease. Clinical Neurophysiology, 115, 2530-2541.

[36] Lewine, J.D. y Orrison, W.W.J. (1995). Magnetic source imaging: basic principles and applications in neuroradiology. Academic Radiology, 2, 436-440.

[37] Liepert, J., Hassa, T., Tüscher, O. y Schmidt, R. (2008). Electrophysiological correlates of motor conversion disorder. Movement Disorders, 23, 2171-2176.

[38] Maestú, F., Río, M. y Cabestero, R. (Eds.) (2008). Neuroimagen. Técnicas y procesos cognitivos. Barcelona: Elsevier Masson.

[39] Mälly, J. y Dinya, E. (2008). Recovery of motor disability and spasticity in post-stroke after repetitive transcranial magnetic stimulation (rTMS). Brain Research Bulletin, 76, 388-395.

[40] Mälly, J. y Stone, T.W. (2007). New advances in the rehabilitation of CNS diseases applying rTMS. Expert Review of Neurotherapeutics, 7, 165-177.

[41] Moisa, M., Pohmann, R., Ewald, L. y Thielscher, A. (2009). New coil positioning method for interleaved transcranial magnetic stimulation (TMS)/functional MRI (fMRI) and its validation in a motor cortex study. Journal of Magnetic Resonance Imaging, 29, 189-197.

[42] Papanicolaou, A.C., Simos, P.G., Breier, J.I., Zouridakis, G., Willmore, L.J., Wheless, J.W. et al. (1999). Magnetoencephalographic mapping of the langauge-speci c cortex. Journal of Neurosurgery, 90, 85-93.

[43] Pascual-Leone, A. (2002). Handbook of transcranial magnetic stimulation. London New York: Arnold; Oxford University Press.

[44] Pascual-Leone, A., Tarazona, F., Keenan, J., Tormos, J.M., Hamilton, R., Catala, M.D. (1999). Transcranial magnetic stimulation and neuroplasticiy. Neuropsychologia, 37, 207-217.

[45] Pascual-Leone, A. y Tormos, J.M. (2008). Estimulación magnética transcraneal: fundamentos y potencial de la modulación de redes neurales especí cas. Revista de Neurología, 46(S1), 3-10.

[46] Pascual-Leone, A., Valls-Sole, J., Wassermann, E.M., Hallett, M. (1994). Responses to rapid-rate transcranial magnetic stimulation of the human motor cortex. Brain, 117, 847-858.

[47] Peinemann, A., Reimer, B., Löer, C., Quartaroneb, A., Münchao, A., Conrad, B., Siebner, H.R. (2004). Long-lasting increase in corticospinal excitability after 1800 pulses of subthreshold 5 Hz repetitive TMS to the primary motor cortex. Clinical Neurophysiology 115, 1519-1526.

[48] Peleman, K., Van Schuerbeek, P., Luypaert, R., Stadnik, T., De Raedt, R., De Mey, J., Bossuyt, A. y Baeken, C. (2009). Using 3D-MRI to localize the dorsolateral prefrontal cortex in TMS research. World Journal of Biological Psychiatry, 26, 1-6.

[49] Prout, A.J. y Eisen, A.A. (1994). The cortical silent period and amyotrophic lateral sclerosis. Muscle and Nerve, 17, 217- 223.

[50] Ro, T., Cheifet, S., Ingle, R., Shoup, R. y Rafal, R. (1999). Localization of the human frontal eye elds and motor hand area with transcranial magnetic stimulation and magnetic resonance imaging. Neuropsychologia, 37, 225-231.

[51] Rossi, S., Pasqualetti, P., Rossini, P.M., Feige, B., Ulivelli, M., Glocker, F.X., Battistini, N., Lucking, C.H. y Kristeva- Feige, R. (2000). E ects of repetitive transcranial magnetic stimulation on movement-related cortical activity in humans. Cerebral Cortex, 10, 802-808.

[52] Rossini, P.M. y Rossi, S. (2007). Transcranial magnetic stimulation: diagnostic, therapeutic, and research potential. Neurology, 68, 484-488.

[53] Ru , C.C., Driver, J. y Bestmann, S. (2009). Combining TMS and fMRI: From 'virtual lesions' to functional-network accounts of cognition. Cortex, 45(9), 1043-1049.

[54] Schacter, D.L. (2003). Los siete pecados de la memoria. Barcelona: Ariel Neurociencia.

[55] Schlamann, M., Yoon, M.S., Maderwald, S., Pietrzyk, T., Bitz, A., Gerwig, M., Forsting, M., Ladd, S.C., Ladd, M.E. y Kastrup, O. (2009). E ects of MRI on the electrophysiology of the motor cortex: a TMS study. Fortschr Röntgenstr, 181, 215-219.

[56] Sinclair, C. y ZHammond, G.R. (2009). Excitatory and inhibitory processes in primary motor cortex during the foreperiod of a warned reaction time task are unrelated to response expectancy. Experimental Brain Research, 194, 103- 113.

[57] Stewart, L., Walsh, V., Frith, U., Rothwell, J.C. (2001). TMS produces two dissociable types of speech disruption. Neuroimage, 13, 472-478.

[58] Taylor, J.L. y Gandevia, S.C. (2001). Transcranial magnetic stimulation and human muscle fatigue. Muscle Nerve, 24, 18-29.

[59] Tormos, J.M., Catalá, M.D. y Pascual-Leone, A. (1999). Estimulación magnética transcraneal. Revista de Neurología, 29(2), 165-171.

[60] Walsh, V., Ellison, A., Batelli, L. y Cowey, A. (1998). Task-speci c impairments and enhancements induced by magnetic stimulation of human visual area V5. Proceedings of the Royal Society of London. Series B, Biological sciences, 265, 537-543.

[61] Wassermann, E.M. y Lisanby, S.H. (2001). Therapeutic application of repetitive transcranial magnetic stimulation: a review. Clinical Neurophysiology, 112, 1367-1377.

[62] Ziemann, U., Brun, D., Paulus, W. (1996). Enhancement of human motor cortex inhibition by the dopamine receptor agonist pergolide: evidence from transcrania magnetic stimulation. Neuroscience Letter, 208, 187-190

[63] Acarin Tusell, N. (2001) El cerebro del Rey. Buenos Aires, Nuevo Extremo.

[64] Ainslie, G. (1992) Psicoeconomics. Cambridge University Press.

[65] Arrow, K. (1987) ``Economic Theory and the hypothesis of rationality", en The New Palgrave. Londres, The Macmillan Press Limited.

[66] Aumann, R. (2005) ``War and Peace". Prize Lecture. http://nobelprize.org/nobel_prizes/economics/laureates/

[67] Caldwell, B. (1982) Beyond Positivism: Economic Methodology in the Twentieth Century. Londres, George Allen & Unwin.

[68] Baumeister, R. y Vohs, K. (2003) ``Willpower, Choice and Self Control", en G. Loewenstein G. y D. Read (ed.), Time and Decision: Economic and Psychological Perspectives on Intertemporal Choice. New York, Russell Sage Foundation.

[69] Camerer, C. y Loewenstein, G. (2004) ``Behavioral Economics: Past, Present, Future'', en Camerer C. y Loewenstein G. (ed.) Advances in Behavioral Economics. Princeton, Princeton University Press.

[70] Camerer, C., Loewenstein, G. y Prelec, D. (2005) ``Neuroeconomics: How Neuroscience can inform to Economics'', en Journal of Economic Literature, Vol. XLIII, No. 1.

[71] Chorbat, T. y McCabe, K. (2005) ``Neuroeconomics and Rationality'', en George Mason University School of Law. Working Paper Series. Paper 29.

[72] Cohen, J. (2005) ``The Vulcanization of the Human Brain'', en Journal of Economic Perspectives, Vol. 19, No. 4.

[73] Fudenberg, D. (2006) ``Advances Beyond Advances in Behavioral'', en Journal of Economic Literature, Vol. XLIV, No. 3.

[74] Glimcher, P. (2003) Decisions, Uncertainty and the Brain. The Science of Neuroeconomics. Cambridge, Mass., The MIT Press.

[75] Hornak, J. (2004) ``The Basics of MRI''. http://www.cis.rit.edu/htbooks/mri/contents.htm. Hume, D. (1980) [1748] Investigaciones sobre el conocimiento humano. Ma- drid, Alianza Universidad.

[76] Hume, D. (1980) [1748] Investigaciones sobre el conocimiento humano. Ma- drid, Alianza Universidad.

[77] Hutchison, T. (1965) [1938] The Signi cance and Basic Postulates of Economic Theory. New York, August M. Kelley.

[78] Juselius, K. (2006) The cointegrated VAR model. Oxford, Oxford University Press.

[79] Kahneman, D. (2003) ``Maps of Bounded Rationality: Psychology for Behavioral Economics'', en American Economic Review, Vol. 93, No. 5.

[80] Keynes, J. (1945) [1936] Teoría general de la ocupación, el interés y el dine- ro. México, Fondo de Cultura Económica.

[81] Koenigs, M., Young, L., Adolph, R., Tranel, D., Cushman, F., Hauser, M. y Damasio, A. (2007) ``Damage to the prefrontal cortex increases utilitarian moral judgemets'', en Nature, Vol. 446.

[82] Koppl, R. (1991) ``Retrospective: Animal Spirits'', en Journal of Economic Perspectives, Vol. 5, No. 3.

[83] Knutson, B., Elliot Wimmer, G., Prelec, D. y Loewenstein, G. (2007) ``Neural Predictor of Purchases'', en Neuron, enero, pp. 147-156.

[84] Kuhnen, C. y Knutson, B. (2005) ``The Neural Basis of Financial Risk Taking", en Neuron, setiembre.

[85] Larsen, Torben (2010) Neuroeconomics and business psychology, Business Review, Agosto, Vol.9, No.8 (Serial No.86)

[86] Loewenstein, G. y O'Donoghue, T. (2004). ``Animal Spirits: A ective and Deliberative In uences on Economic Behavior", en Working Paper.

[87] Logothetis, N., Pauls, J., Augath, M., Trinath, T. y Oeltermann, A. (2001) ``Neurophysiological Investigation of the Basis of the fMRI Signal", en Nature, 412 (6843).

[88] Mas-Colell, A., Whinston, M. y Green, J. (1995) Microeconomic Theory. Oxford, Oxford University Press.

[89] McCabe, K., Houser, D., Ryan, L., Smith, V. y Trouard, T. (2001) ``A functional imaging study of cooperation in two person reciprocal exchange", en Proceedings of the National Academy of Sciences of the United States of America www.pnas.org/cgi/doi/10.1073/pnas211415698.

[90] Pesendorfer, W. (2006) ``Behavioral Economics Comes of Age: A Review Essay of Advances in Behavioral Economics", en Journal of Economic Literature, Vol. XLIV, No. 3.

[91] Rilling, J., Gutman, D., Zeh, T., Pagnoni, G., Berns, G., y Kilts, C. (2002) ``A Neural Basis for Social Cooperation", en Neuron, Vol. 35, No. 2.

[92] Sanfey, A., Rilling, J., Aronosn, J., Nystrom, L. y Cohen, J. (2003) ``The Neural Basis of Economic Decision-Making in the Ultimatum Game", Science, Vol. 300.

[93] Sen, A. (1987) ``Rational Behavior", en The New Palgrave. Londres, The Macmillan Press Limited.

[94] Simon, H. (1997) An Empirically Based Macroeconomics. Ra aelle Mattioli Foundation. Cambridge, Cambridge University Press.

[95] Smith, A. (1941) [1759] Teoría de los sentimientos morales. México, Fondo de Cultura Económica.

[96] Szychowski, M. (2002) ``Un nuevo hombre económico", en Anales de la Aca- demia Nacional de Ciencias Económicas, Vol. XLVII.

[97] Szychowski, M. (2006) ``El capital social y la demanda neta del bien". Docu-mento de trabajo.

[98] Zak, P. y Knack, S. (2001) ``Trust and Growth", en Economic Journal, abril.

[99] Zak, P. (2004) ``Neuroeconomics". Center for Neuroeconomics Studies. Claremont Graduate University. Documento de Trabajo.

[100] Dejours, C. (1998) El Factor Humano. Buenos Aires: Lumen

[101] Leplat, J. (1985) La Psicología Ergonómica. Barcelona: Oikos-tau

[102] Bruner, J. (2004) Realidad mental y mundos posibles. Madrid: Alianza. 4.

[103] Díaz, A. (2005). Etnografía y Técnicas de Investigación Antropológicas. Madrid: Universidad Nacional de Educación a Distancia.

[104] Cubero, M., De La Mata, M. (2005). Cultura y Procesos Cognitivos. En Cubero, M., Ramirez J. D. et al. (p. 69). Buenos Aires: Miño y Dávila.

[105] Wertsch, J.V. (1988). Vygotsky y la formación social de la mente. Barcelona: Paidós.

[106] Montmollin, M. (1998) Introducción a la ergonomía. México: Limusa Noriega Editores.

[107] Fuster, J. M. (1989) The prefrontal cortex: anatomy, phisiology, and Neuropsychology of the frontal lobe. New YorK. Raven Press.

[108] Ozono, S, Pennington, B. F. y Rogers, S. J. (1991). Executive function abilities in autism and Tourette Syndrome: an information procesing approach. Journal of child Psychology and Psychiatry, 35(6), 1015-1032.

[109] Portell Vidal, M., Solé Gómez, M. (2004) Riesgo percibido: un procedimiento de evaluación. Madrid: Ministerio de trabajo y asuntos sociales, NTP 578.

[110] Tversky, A., Kahneman, D. (1974) Judgement under uncertainty: Heuristics an biases. Science, 185, 1124-1130.

[111] John Austin, How to Do Things with Words, Oxford University Press, 1962.

[112] Endsley, M. R. (2000). "Theoretical underpinnings of situation awareness: A critical review. In M. R. Endsley & D. J. Garland (Eds.), Situation Awareness Analysis And Measurement". Mahwah, NJ: LEA

[113] Ekman, P. (2003). Emotions Revealed. New York: Times Books.

[114] Damasio, A. (1996) El error de descartes. Barcelona: Editorial Crítica.

[115] Autopoiesis, concepto propuesto por Maturana y Varela, 1971

[116] Bruner, J. (2004) Realidad mental y mundos posibles. Barcelona: Gedisa.

[117] Raja Parasuraman, George Mason University, Fairfax, Virginia, and Glenn F. Wilson, Physiometrex, Dayton, Ohio. (2008). Putting the Brain to Work: Neuroergonomics Past, Present, and Future. HUMAN FACTORS, Vol. 50, No. 3, June.

[118] Raja Parasuraman. Neuroergonomics: Brain, Cognition, and Performance at Work. (2011). George Mason University. Current Directions in Psychological Science 20(3) 181-186.

[119] Bargh, J.; Zajonc, R.B.: Birth Order, Family Size, and Decline of SAT Scores. American Psychologist, 1980

[120] Messick, D.M.; Ohme, R.K.: Ethical Aspects of Social Psychology. Power and In uence in Organizations, SAGE Publications

[121] Brain Facts. A primer on the brain and nervous system. Society for neuroscience. Washinton, 2006. Accesible desde http://testdi erent.com/pdf/naukowe/brainfacts.pdf

[122] Ohme, R.K.: The implicit conditioning of consumer attitudes: Logo substitution e ect. Polish Psychological Bulletin. 2001.

[123] Greenwald, A.G.; Banaji, M.R.: Implicit Social Cognition. Psychological Review. 1995.

[124] Murphy, S.T.; Zajonc, R.B.: A ect, Cognition, and Awareness. Journal of Personality and Social Psychology. 1993.

[125] Nisbett, R.E.; DeCamp Wilson, T.: Telling More Than We Know. Psychological Review, 1977.

yes

I want morebooks!

Buy your books fast and straightforward online - at one of world's fastest growing online book stores! Environmentally sound due to Print-on-Demand technologies.

Buy your books online at

www.morebooks.shop

¡Compre sus libros rápido y directo en internet, en una de las librerías en línea con mayor crecimiento en el mundo! Producción que protege el medio ambiente a través de las tecnologías de impresión bajo demanda.

Compre sus libros online en

www.morebooks.shop

KS OmniScriptum Publishing
Brivibas gatve 197
LV-1039 Riga, Latvia
Telefax: +371 686 204 55

info@omniscriptum.com
www.omniscriptum.com

Printed by Books on Demand GmbH, Norderstedt / Germany